国家级职业教育规划教材

人力资源和社会保障部职业能力建设司推荐

高等职业技术院校现代纺织技术专业教材

纺织概论

刘　森　主编

中国劳动社会保障出版社

图书在版编目(CIP)数据

纺织概论/刘森主编. —北京：中国劳动社会保障出版社，2010
ISBN 978-7-5045-8631-5

Ⅰ.①纺…　Ⅱ.①刘…　Ⅲ.①纺织-概论　Ⅳ.①TS1

中国版本图书馆 CIP 数据核字(2010)第 175659 号

中国劳动社会保障出版社出版发行

（北京市惠新东街 1 号　邮政编码：100029）

出 版 人：张梦欣

*

北京市科星印刷有限责任公司印刷装订　　新华书店经销

787 毫米 ×1092 毫米　16 开本　5.5 印张　124 千字

2010 年 9 月第 1 版　　2025 年 8 月第 9 次印刷

定价：10.00 元

营销中心电话：400-606-6496

出版社网址：http://www.class.com.cn

http://jg.class.com.cn

前　言

为了满足高等职业技术院校现代纺织技术专业高等技术应用型人才的需要，人力资源和社会保障部教材办公室中国纺织服装教育学会共同组织了一批教学经验丰富、实践能力强的教师与行业、企业的一线专家，在充分调研、研讨的基础上，编写了这套现代纺织技术专业教材。

在教材的编写过程中，我们力求做到以下几点：

第一，根据目前纺织企业的用人要求和现代纺织技术专业的教学实际，构建专业课程教学体系及相应的教材体系以实现教材的针对性和实用性。

第二，通过对纺织企业岗位的考察和调研，确定各教材的技能主线，并以此为核心依据安排教材内容，切实做到教材内容“管用、够用、实用”。

第三，以典型任务为载体，通过“任务引入”“任务分析”“相关知识”“任务实施”等环节，既再现了工作岗位的实际情境，又将理论知识的学习和实践操作融为一体，同时也符合学生的认知规律。

第四，在教材中尽可能多地采用图片、表格以及清晰的计算步骤或操作流程，激发学生的学习兴趣和操作热情，从而达到好教易学的目的。

在上述教材的编写过程中，得到了有关高等职业技术院校的大力支持，教材的主编、参编、主审等相关人员做了大量的工作，在此，我们表示衷心的感谢！同时，恳切希望广大读者对教材提出宝贵的意见和建议，以便修订时加以完善。

中国纺织服装教育学会

人力资源和社会保障部教材办公室

2010 年 9 月

简　介

本书为国家级职业教育规划教材，由人力资源和社会保障部职业能力建设司推荐。

本书全面地论述了纺织类专业将要学习的纺纱、机织、针织、染整、服装技术的基本原理以及纺织材料、纺织产品的类型与特征。内容包括纺织与纺织专业、纺织材料、纺纱技术、机织技术、针织技术、染整技术、服装技术、纺织检测技术。

本书由刘森主编，罗小芹、杨璧玲、秦进民编写，狄剑锋审稿。本书编写得到了广东省纺织协会周天生以及五邑大学纺织服装系的大力帮助。

目 录

第一章

纺织与纺织专业

纺织业是国民经济的一个重要的传统支柱产业和民生产业，在繁荣市场、扩大出口、吸纳就业、增加税收、促进城镇化发展等方面发挥着重要作用，在国际贸易中具有明显优势。

一、纺织业的内涵

什么是纺织业，纺织业的内涵是什么，可以从狭义和广义两个层次加以理解。狭义的纺织业是指用天然纤维和化学纤维加工成各种纱、丝、绳、织物及其染色整理制品的工业。广义的纺织业除包含狭义的纺织业内容外，还包括服装工业。

根据所加工的原材料或生产加工方法的不同，可以把狭义纺织业分为若干工业类型：

按所加工原材料原料的性质不同，纺织业可分为棉纺织工业、麻纺织工业、丝纺织工业、毛纺织工业、化学纤维纺织工业等。

按生产加工方法不同，纺织业可分为纺纱工业、织布工业、印染工业、针织工业、非织造布工业、纺织品纺制工业等。

另外，纺织机械制造业（包括纺织器材、纺织仪器设备制造业）、纺织助剂材料生产、专业纺织贸易等也属于纺织业范畴。

二、纺织业的特征

纺织业是历史最为悠久的产业，也曾是世界工业革命的摇篮。在近代历史上，第一次产业革命就是从纺织行业开始的，并从此开创了工业化时代。今天，尽管纺织业的生产科技发展水平发生了翻天覆地的变化，但是它始终是与人类社会的发展历史、与世界科技革命和随之而来的产业革命浪潮相一致的。纵观纺织业的发展历史与现状，可以总结出纺织业具有以下特征：

1. 纺织业是发展型产业

纺织业已有数千年的发展历史。可以认为纺织业的出现与发展是与人类社会的文明发展史同步的。因为在人类历史上，纺织生产几乎是和农业同时开始的，纺织生产的出现，标志着人类脱离了“茹毛饮血”的原始状态，进入了文明社会。人类的文明史，从一开始便和纺织生产紧密地联系在一起。衣着，是人类永恒的最基本的生活需要，人类对纺织产品的需求与人类社会的进步与发展紧密相连。随着社会的进步、人口的增长、人们生活水平的提高，对纺织品的消费需求必须增加；消费水平的提高是促进纺织业继续发展的内在动力。据统计，世界人口和世界纤维消费量的年增长率分别为1%～2%和2%～3%，这表明，纺织品的消费需求是随社会的发展而逐步增加的。

“夕阳产业”只是那些在社会需求中比重不断下降，同时由于生产率低下、在市场丧失竞争优势、正处于不断衰落过程的产业。纺织业不是“夕阳产业”。可以预见，将来不管世界上有多少尖端的高新技术出现，也不管纺织业在个别国家或地区可能会衰退，甚至消失，但就总体而言，纺织业将继续保持作为一门“永恒的产业”或一门“不可替代的重要产业”而长期存在。

2. 纺织业是世界工业发展史上的先导产业

先导产业通常是指能够较多地吸收先进技术，代表产业发展方向，为保持长期增长而需要超前发展，并对其他产业的发展具有较强带动作用的产业。

在世界工业的发展历史中，纺织机械的产生和发展引起对动力的需求，蒸汽机应运而生。作为在工业革命中最早实行机械化生产的纺织业，它的产生和发展带动了冶金、机械、化工、交通运输等产业的发展，成为工业化浪潮中的先导产业。在我国，纺织业也是最先发祥的产业，并一直扮演着重要角色。只是由于历史和体制的原因，我国纺织工业的先导作用长期被掩盖。但纺织业在我国的先导作用还是实际存在的，如在为我国工业化积累资金、出口创汇、扩大就业、繁荣市场、发展经济等方面，纺织业都作出了巨大贡献，也充分发挥了纺织业在我国工业化进程中的先导作用。

3. 纺织业是二元结构型产业

纺织业的二元结构主要表现在：它既是劳动密集型产业，又是资金型和技术密集型产业；既是传统产业，又是现代产业。另外还表现在纺织原材料的二元性、生产技术的二元性以及生产设备的二元性。

纺织业在目前和今后的一定时期内，在原材料方面，都存在有天然纤维和化学纤维的二元结构；在纺织技术方面，有传统加工技术和现代电子信息技术的二元结构，如纺织专用CAD（计算机辅助设计系统）等现代纺织技术在广泛应用；在纺织机械方面，有传统纺纱机和气流纺纱机的二元结构，还有有梭织机和无梭织机的二元结构；从工业化的发展过程来讲，纺织业既是传统型产业，与小生产方式联系在一起，同时又是现代化产业，因为其又与现代化的大机器生产联系在一起。二元结构在纺织业的体现，是纺织业进步和升级的象征，是纺织产业发展的一般规律。

4. 纺织业是与人们生活息息相关的产业

衣食住行，以衣为首。衣着是人类的基本生活需要，在社会尚不发达时期或在工业化初期，衣着或纺织品显得尤其重要。可以说，纺织业在国民经济和人们生活中扮演着十分重要的角色，是关系国计民生的重要产业。

三、纺织业的地位

2009年，国务院发布了《纺织工业调整和振兴规划》将纺织工业明确定位为：“国民经济的传统支柱产业和重要的民生产业，也是国际竞争力优势明显的产业。”

进入21世纪，纺织业仍将是国民经济中举足轻重的支柱型产业。其在满足人们衣着消费、吸纳劳动就业、增加出口创汇、积累建设资金以及完善相关产业配套等方面，都将发挥重要作用。

1. 纺织业已发展成为我国国民经济中不可缺少的重要产业

2000年以来，我国纺织纤维加工量持续增长，从2000年的1 360万吨增长到2009年的

3 650 万吨，增长两倍多，年均增长 12.54%。2007 年纤维加工量 3 530 万吨，约占世界纤维加工总量的 40%。

2007 年纺织工业总产值 31 023.47 亿元，占全国工业总产值的 7.66%。我国人均纤维消费量从 2000 年的 7.5 公斤提高到 2008 年的 15.5 公斤。全行业吸纳就业超过 2 000 万人。

近 20 年，我国纺织工业以平均年增长 13%的速度高速发展。纺织业的高速增长与发展，为我国的社会经济发展作出了重要贡献。

2. 在国际贸易中我国的纺织业具有明显优势

我国纺织工业在国际市场上占有举足轻重的地位。2000—2007 年，全球纺织品服装出口贸易额年均增长 2.36%，同期我国纺织业出口年均增长 18.9%。我国纺织品服装出口占世界的比重由 2000 年的 15.06%增长到 2007 年的 29.34%。2000 年纺织品服装出口 520.82 亿美元，占全国外贸出口总额的 21.28%；2007 年我国纺织品服装出口 1 756.16 亿美元，占全国外贸出口总额的 14.4%，占全球纺织品服装贸易总额的 30%，贸易顺差占全国的 58.9%。

我国已经成为名副其实的世界纺织大国。目前，我国化纤、纱、布、丝、丝织品、服装等主要纺织产品的产量和生产能力均居世界首位。特别是在加入世界贸易组织（WTO）之后，中国纺织业的地位更加重要。首先，加入 WTO 有利于扩大我国的出口，对我国的外贸增长起到至关重要的作用。其次，纺织品出口贸易增长的影响，会大大地带动纺织业的发展，由此而增加的就业岗位与就业人员是其他行业难以比拟的，其对社会的稳定与社会经济的发展具有重要意义。

3. 我国纺织业的技术装备仍处于世界的中低水平

尽管中国是世界纺织服装生产和出口大国，是世界上最大的棉花、蚕丝、羊绒生产国，也是羊毛、羊绒、亚麻、兔毛等资源的重要生产国，毛纺织、化纤、呢绒产量已居世界第一。但是，我国近代纺织业的工业化进程几乎比欧洲晚了一个世纪。与纺织发达国家或地区相比，中国纺织业仍处于中低水平。这里主要表现在原材料的开发能力、生产技术设备和后整理与世界先进水平有差距，纺织品的生产工艺与花色设计也难以赶上世界潮流。

目前，我国纺织业仍以劳动密集型的加工产业为主要特征，需要迅速更新设备，吸纳高新技术，实现产业结构调整升级。根据专业技术市场的发展变化，发挥纺织业在中国经济发展中的先导作用和传统支柱产业的地位作用，实现与世界纺织业同步发展。

四、纺织专业技术

1. 纺织专业类别

目前的“现代纺织技术专业”名称来源于教育部《普通高等学校高职高专教育指导性专业目录》，是纺织类院校的核心专业。它与针织技术与针织服装、纺织品检验与贸易、纺织品设计、染整技术、服装设计等专业共同构成现代纺织产业链为特征的专业群。

根据纺织产业链各生产环节的生产工艺需要，纺织类专业学生应该掌握以下几方面的核心知识：

(1) 纺织材料。最主要的纺织材料是纺织纤维，纺织纤维通常按纤维的来源分为天然纤维和化学纤维两大类。凡是自然界原有的，或从经人工培植的植物和人工饲养的动物中获得的纺织纤维称为天然纤维。根据它的生物属性又可分为植物纤维、动物纤维和矿物纤维。凡用天然的或合成的高聚物为原料，主要经过化学方法加工制造出来的纺织纤维称为化学纤维，简称化纤。按原料、加工方法和组成成分的不同，化学纤维又可分为再生纤维、醋酯纤维、合成纤维和无机纤维。

(2) 纺织产品。纺织产品是人们日常生活的必需品，种类繁多，用途广泛。人们头上戴的，身上穿的，手上套的，脚上蹬的都离不开纺织品。现代纺织产品不但外护人们肢体，而且还可以内补脏腑。既能上飞重霄，又能下铺地面。有的薄如蝉翼，有的轻如鸿毛，坚者超过铁石，柔者胜似橡胶。把这众多的纺织品以门类区分，可分作纱线类、绳带类、机织物、针织物、非织造布、编织物等。

(3) 纺纱技术。纺纱技术就是以各种纺织纤维为原料，通过纤维的集合、牵伸、加捻而纺成纱线，以供织造使用。因采用的纤维种类不同，其生产设备、生产流程有所不同，而分为棉纺、毛纺、麻纺和绢纺。由棉、毛、麻等天然短纤维或由废丝切成的丝短纤维和化纤短纤维，经过开松、梳理、集合成条带状，再经牵伸加捻纺成纱线，称为短纤纱。

(4) 机织技术。由相互垂直排列的经纱系统和纬纱系统，在织机上按照一定的组织规律交织而成的纺织制品，称为机织物。由纺纱工程而得的纱或线织制成机织物的过程，称为机织工程。

在整个机织工程中，包括经、纬纱系统的准备工作和经、纬纱系统的织造两大部分。在织机上，经纱系统从机后的织轴上送出，经后梁、停经片、综框和钢筘，与纬纱系统交织形成织物，由卷取辊牵引，经导辊而卷绕到卷布辊上。机织物在织造过程中，须经过开口（将经纱分为上下两层，形成梭口）、引纬（把纬纱引入梭口）、打纬（将纬纱推向织口）、送经和卷取（织轴送出经纱，织物卷离形成区）五大运动。

(5) 针织技术。针织是利用织针把纱线弯成线圈，然后将线圈相互串套而成为针织物的一门工艺技术。根据编织方法的不同，针织生产可分为纬编和经编两大类，针织物也相应地分为纬编针织物和经编针织物两大类。纬编针织物和经编针织物由于结构不同，在特性和用途等方面也有一些差异。

(6) 染整技术。纺织品除了满足人们的衣着及其他日常生活外，还大量地用于工农业生产、国防、医药、装饰材料等各个领域。纺织品除极少数供消费者直接使用外，绝大多数都要经过染整加工，制成美观大方、丰富多彩的纺织用品。

纺织品染整加工是纺织品生产的重要工序，它可以改善纺织品的外观和服用性能，或赋予纺织品某些特殊功能，从而提高纺织品的附加价值，美化人们的生活，满足各行业对纺织品不同性能的要求。当前纺织品发展的总趋势是向精加工、深加工、高档次、多样化、时新化、装饰化、功能化等方向发展，并以增加纺织品的附加价值为提高经济效益的手段。

(7) 纺织品检测技术。科技发展，各种高新技术不断注入到纺织工业中来，给纺织工业注入了新活力。纺织品检测技术以及检测仪器也随之迅速发展。

红外光谱对大量纺织纤维红外光谱图分析，可以实现对混纺织物比例定量分析。激光检测是激光在纺织工业中应用的一个重要方面。它可应用于验布，检测织物起球、毛羽及其粗糙度，检测织物纬斜，测定纱线直径、条干不匀、纱疵与纤维性能，控制印染，检验服装等方面。计算机图像信息处理技术应用于纺织行业多个方面，包括纤维细度测定、纱线条干不匀、毛羽、疵点、验布等。深入、系统研究图像信息处理技术并将其应用于纺织品检测技术方面，将会促进相当大一批纺织仪器更新换代；另用织物仿真 CAD 系统中，利用织物仿真模拟技术开发新产品。

我国常规纺织仪器发展已经基本能满足纺织工业对纺织材料性能测试要求，一批高科技含量测试仪器纷纷上市，如电容式条干仪、电容式纤维长度仪、全自动单纱强力仪等。有仪器已经基本接近国际先进水平，为我国纺织品检测技术提供了较大选择空间。检测仪器发展集中体现在以下一些方面：检测仪器向多功能化、自动化方向发展，仪器控制和数据处理已计算机化，光电转换技术应用日益广泛，手工操作检测逐渐实现仪器化等。

2. 专业学习目标与学习内容

（1）开设的主要专业平台课程。包括纺织材料、纺纱技术、机织技术、纺织 CAD/CAM 技术、纺织专业英语、纺织机械设备、纺织加工化学、企业管理与市场营销等。各专业方向在此基础上通过专业方向课程的教学，达到专业知识与能力的进一步拓展，以适应社会及行业需要的目标。

（2）培养目标。能在纺织行业从事工艺设计、产品开发、质量检测与控制、生产管理、技术改造和产品营销等工作的高技能型应用人才。

（3）就业方向。毕业生能在纺织企业及相关行业从事生产技术、工艺设计、设备技术、质量控制、产品开发和设计、纺织品设计、设备管理与监控、生产和经营管理、贸易等方面工作。

3. 纺织专业岗位群

纺织专业学生主要学习纺织工程方面的基本理论和基本知识，受到纺织品设计、纺织工艺设计等方面的基本训练，具有纺织品生产管理方面的基本能力。纺织专业职业岗位群见表 1—1。

表 1—1　　纺织专业职业岗位（群）分析表

<table>
<tr><th>职业范围</th><th colspan="3">就业岗位或岗位群</th><th>职业资格证书（含发证机关）</th></tr>
<tr><td rowspan="8">纺织生产企业</td><td rowspan="2">技术岗位</td><td>技术员</td><td>工艺员、产品开发员、设备技术员、车间技术员、技改员</td><td rowspan="2">纺织面料成分检测/机织面料工艺分析/机织小样织样专项职业能力证书</td></tr>
<tr><td>检验员</td><td>原料进仓检验员、半成品质量检验员、成品质量检验员</td></tr>
<tr><td rowspan="2">管理岗位</td><td>生产管理</td><td>生产管理员、仓管员、班长、计划员、调度员</td><td rowspan="2"></td></tr>
<tr><td>质量管理</td><td>质量管理员</td></tr>
<tr><td rowspan="2">操作岗位</td><td>挡车工</td><td>络筒工、整经工、浆纱工、穿经工、织布工、修布工</td><td rowspan="2"></td></tr>
<tr><td colspan="2">保全保养工、机修工、电工</td></tr>
<tr><td rowspan="2">经营岗位</td><td>营销</td><td>采购员、销售员、跟单员</td><td rowspan="2"></td></tr>
<tr><td>对外贸易</td><td></td></tr>
</table>

续表

职业范围	就业岗位或岗位群	职业资格证书（含发证机关）
纺织品检验	检验员、文员、业务员产品检验工	纺织面料成分检测专项 职业能力证书 产品检验工
纺织品贸易	接单员、跟单员、质检员、工艺设计与产品开发员、文员、仓管员	报关员
纺织品设计	面料分析 小样工艺设计 小样织制 大生产工艺设计 新产品开发	纺织面料成分检测/ 机织面料工艺分析/ 机织小样织样专向 职业能力证书
织物生产和质量控制	工艺管理 生产管理	
产品质量跟踪和 产品销售	市场营销和 QC	

第二章 纺织材料

用以加工制成纺织品的纺织原料、纺织半成品以及成品统称为纺织材料，包括各种纤维、纱线、织物等，如图 2—1 所示。纺织材料是人类生活中不可缺少、最为基本的物品，其中纺织纤维是构成纺织品的最小、最基本的单元。

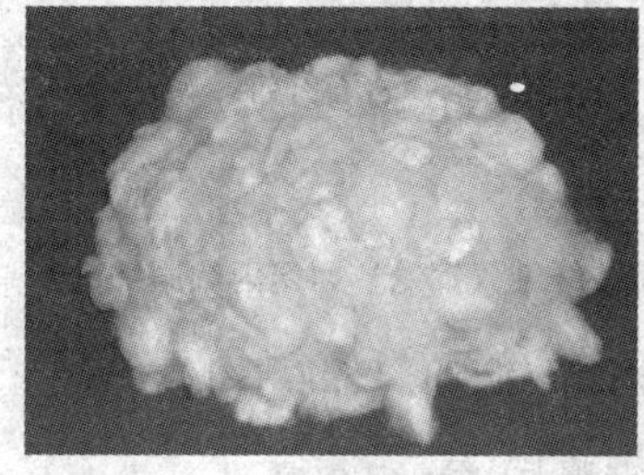

纤维

纱线

织物

图 2—1　各种纺织材料

第一节　纺织纤维

一、纺织纤维

一般而言，直径为几微米到几十微米，长度比直径大许多倍的物体，都可以称做为纤维。纤维以细长为特征，不同用途的纤维，要求其具有不同的性能，但不是所有纤维都可以用做纺织纤维，作为纺织纤维，必须具备两个必要条件：具有一定的化学和物理稳定性；具有一定的强度、柔曲性、弹性以及可塑性、可纺性、服用性和产业用性能等。

纺织纤维的种类繁多，如图 2—2 所示。

二、常见的天然纤维

常见的天然纤维有棉、麻、蚕丝、毛等纤维，其中棉纤维和麻纤维的主要组成成分为纤维素，因此也称它们为天然纤维素纤维；蚕丝和毛纤维的主要组成成分为蛋白质，因此也称它们为天然蛋白质纤维，如图 2—3 所示。

1. 棉纤维

棉纤维是由棉花经初加工（子棉花上的纤维与棉子分离的过程，即轧棉）而形成，如图 2—4 所示。目前世界各国栽培的棉花，主要有两个栽培品种，即陆地棉和海岛棉。其中陆

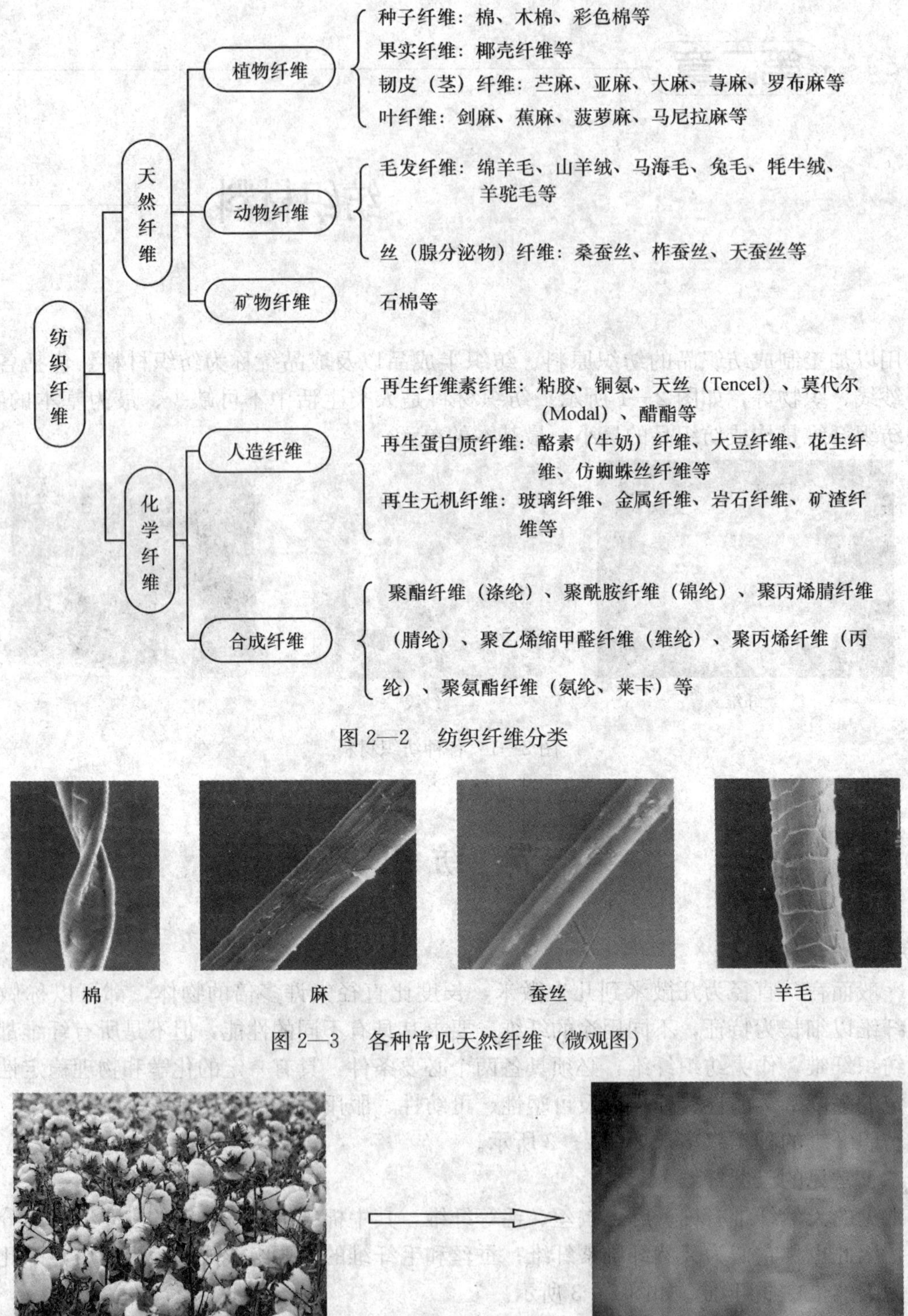

图 2—2　纺织纤维分类

图 2—3　各种常见天然纤维（微观图）

图 2—4　棉花与棉纤维

地棉也称细绒棉，占世界棉花总产量的85%以上，我国陆地棉栽培面积占棉田总数的98%以上，其纤维长度和细度中等；海岛棉也称长绒棉，纤维细而长，品质优良，是高档棉纺产品的原料，我国长绒棉生产历史较长，但数量较少，仅占世界总产量的2%，现仅在新疆、上海等地区有少量种植。

棉纤维的纤维素含量约为94%，棉纤维较耐碱而不耐酸。纤维截面为不规则的腰圆形，有中腔，纵向有天然转曲，具有抱合力。棉纤维吸湿性好，湿强比干强高10%。手感柔软，保暖性好。棉纤维属于短纤维，它可以通过纺纱工艺加工成棉纱线，再由棉纱线通过织造加工成传统的机织物和针织物；也可以由棉纤维通过无纺布的加工工艺直接加工成无纺布。它的应用在所有纤维中是最广泛的。

2. 麻纤维

麻纤维有许多种，从取得的部位分为茎纤维和叶纤维两类。纺织上用得最多的有苎麻、亚麻、黄麻、大麻等。其中以苎麻和亚麻品质较优。麻纤维经初加工（脱胶）、纺纱前准备、纺纱形成麻纱线，再经织造加工成麻织物。亚麻植株与亚麻织物如图2—5所示。麻纤维一般含有纤维素60%～80%。麻纤维与棉一样较耐碱而不耐酸。

生机勃勃的亚麻田　　盛开的亚麻花　　高档的亚麻织物

图2—5　亚麻植株与亚麻织物

麻纤维的吸湿能力比棉强，其中尤以黄麻吸湿能力更佳；麻纤维在天然纤维中拉伸强度最大，但受拉后的变形能力即伸长度在天然纤维中最小；麻纤维的手感大多比较粗硬；麻纤维织物具有良好的透气性和吸湿性，织物强度也较好，硬挺度高，但织物容易起皱，有刺痒感。麻织物主要用于高档的时装面料。

3. 蚕丝

蚕丝是天然纤维中唯一的长丝，一个蚕茧可抽出的蚕丝长度可达数百米至上千米。从蚕卵到蚕丝的过程如图2—6所示。蚕丝是由蚕茧经过一系列制丝过程加工而成。

蚕丝的主要组成物质是蛋白质，较耐酸而不耐碱；桑蚕丝的吸湿能力大于棉而小于羊毛，弹性恢复能力也小于羊毛而优于棉；蚕丝具有其他纤维所不能比拟的美丽光泽，优雅悦目。

4. 毛纤维

毛纤维来自于动物的毛发，种类较多。不同种类的动物，其毛纤维不同。有绵羊身上的绵羊毛，山羊身上的山羊绒、山羊毛，骆驼身上的骆驼绒、骆驼毛，羊驼身上的羊驼毛，兔子身上的兔绒、兔毛，以及牛、马、牦牛、鹿身上的牛毛、马毛、牦牛毛和鹿绒等，各种产毛动物如图2—7所示。纺织用毛类纤维中，数量最多的是绵羊毛，绵羊毛通称羊毛。

羊毛纤维主要组成物质是不溶性蛋白质，因此耐酸不耐碱；其横截面接近圆形，纵向有

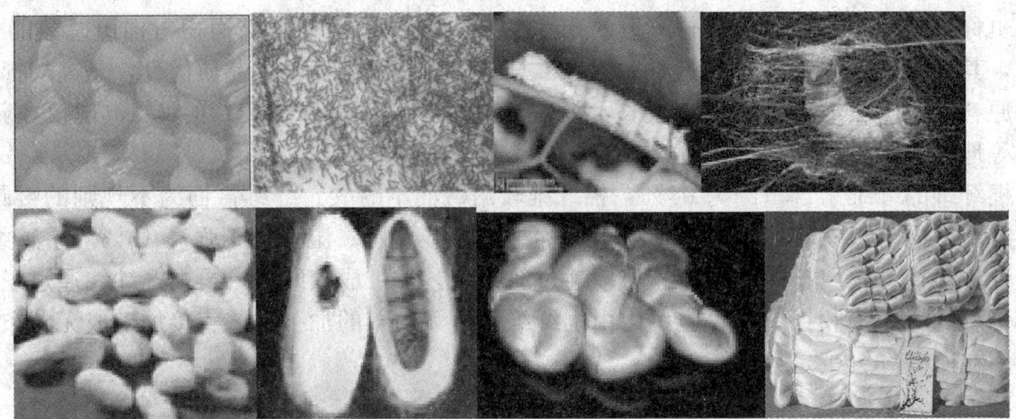

图 2—6　从蚕卵到蚕丝

新疆绵羊（羊毛）　安哥拉山羊（马海毛）　藏牦牛（牦牛毛）

兔子（兔毛）　骆驼（骆驼毛）　各种羊驼（羊驼毛）

图 2—7　各种产毛动物

鳞片；羊毛纤维具有弹性好、吸湿性强、保暖性好、不易沾污、手感丰满、光泽柔和等优良特性，还具有独特的缩绒性，这些性能使毛织物具有独特风格，是纺织行业中广泛使用的高档纺织纤维。羊毛纤维还具有以下特殊性质。

（1）缩绒性　羊毛在湿热及化学试剂作用下，经机械外力反复挤压，纤维集合体逐渐收缩紧密，并相互穿插纠缠，交编毡化，这一性能称羊毛的缩绒性。毛织物在后整理过程中，经过缩绒工艺（又称缩呢），织物长度收缩，厚度和紧度增加，表面露出一层绒毛，具有较好的毛感。

（2）羊毛纤维皮质层中一般有两种不同的皮质细胞，由于两种皮质层的物理性质不同引起的不平衡，形成了羊毛的卷曲。卷曲有利于缩绒性和抱合力，成纱弹性足，织物毛感丰满，毛型感强。

三、常见的化学纤维

天然纤维具有许多优点，但其数量不能满足人们日常生活的需要，价格也较贵，所以19世纪就开始有人研究化学纤维的生产。目前，化学纤维的产量已占纤维总产量的一半，发展很迅速，这是由于生产化学纤维的原料的可获得性和价格低廉，化学纤维所用的原料来源有保证和劳动力消耗不断降低；化学纤维的物理和力学性能不断改善，扩大了工业使用范围，它的某些性能是天然纤维无法获得的。

1. 化学纤维的分类

（1）按高聚物的来源分，有再生纤维、醋酯纤维、合成纤维、无机纤维。

（2）按内部结构分，有聚酯纤维（涤纶）、聚酰胺纤维（锦纶）、聚丙烯腈纤维（腈纶）、聚丙烯纤维（丙纶）、聚乙烯醇纤维（维纶）、聚氯乙烯纤维（氯纶）。

（3）按长度分，有长丝和短纤维。

（4）按截面分，有复合纤维和异形纤维。

（5）按用途分，有普通纤维和特种纤维。

2. 化学纤维的特性

（1）化学纤维的共性

1）化学纤维是人工制造的，可以生产各种长度和细度的规格，以适应纺织加工与成品的要求。化学纤维可以是连续的长丝，也可以是短纤维通过纺纱的方式形成棉型、中长型、毛型三种规格的短纤纱。长丝的细度单位通常用旦尼尔（旦）；化学短纤维的细度可用单位长度的重量，如线密度（单位 tex，特）和旦尼尔，也可用直径、截面积等来表示。由于纤维细度较细，用特数表示细度时数值较小，故通常以分特（dtex）表示短纤维的细度，分特为特数的1/10。特为定长制，同种纤维的特数越大，则纤维越粗。三种化学短纤维的长度、细度如下：

化学短纤维
- 棉型：30～40 mm，1.3～2.2 dtex
- 中长：51～65 mm，2.2～3.3 dtex
- 毛型：70～150 mm，3.3～44.4 dtex

2）强度、伸长度较大。可通过拉伸倍数的不同来人为控制。如涤纶可形成三种类型的纤维，其强度、伸长度见表2—1。

表2—1　　三种类型涤纶纤维的强度、伸长度

类型＼内容	高强低伸	低强高伸	中强中伸（普通型）
强度（cN/D）	5.5以上	4.5以下	介于两者之间
断裂伸长率（%）	25以下	35以上	介于两者之间

3）光泽可控制。化学纤维光泽强且耀眼，特别是没有卷曲的长丝。使用不同折射率的消光剂可控制纤维的光泽，根据加入的消光剂量的多少，可制得有光、消光（无光）、半消光（半无光）纤维。

4）化学稳定性好。大多数化学纤维具有不霉不蛀，耐酸碱性及耐气候性良好的优点。

5）力学性能。化学纤维一般都有强度高、伸长能力大，弹性优良，耐磨性好，纤维的摩擦力大，抱合力小，静电现象严重，容易起毛起球的特点。

6）吸湿能力差。织物易洗快干。

7）特殊的热学性质。主要是指合成纤维，具有熔孔性、热收缩性及热塑性。

（2）几种常见化学纤维的主要特点比较，见表 2—2。

表 2—2　粘胶纤维、涤纶、锦纶、腈纶、维纶的主要特点比较

品种 性能	粘胶纤维	涤纶（的确良）	锦纶（尼龙）	腈纶	维纶
耐酸性、耐碱性	耐碱不耐酸，比棉差	都好。耐酸性>耐碱性	耐碱不耐酸	都好	耐碱不耐酸
吸湿能力	所有化纤中最好，回潮率 13%	很差，回潮率 0.4%，静电严重	较好，回潮率 4.5%	涤纶<腈纶<锦纶。回潮率 2%，容易积累静电	合成纤维中最好，回潮率 5%
强度	断裂强度较棉纤维小，断裂伸长率比棉纤维大，湿强是干强的 50%	大	大	—	棉<维纶<常见合成纤维
伸长能力	差	大	大	—	—
弹性	差	优良	优良	弹性好，但弹性恢复率低于锦纶、涤纶、羊毛	棉<维纶<常见合成纤维
耐磨性	差	好	常见纤维中最好（棉的 10 倍，毛的 20 倍，粘胶的 50 倍）	合成纤维中较差	—
抗皱性	差	好	—	—	—
尺寸稳定性	差	好	不及涤纶	—	—
抗起毛、起球性	好	差	差	—	—
抗熔性	好	差	差	—	—
耐热性	好	好	差	—	—
耐晒性	—	好	差，易老化	特别优良	差，易老化
染色性能	好	差	好	—	差
特殊性能				热弹性（热收缩性）、蓬松性、保暖性好，有“合成羊毛”之称	性能接近于棉，有“合成棉花”之称，但耐热水性差

四、新型纤维

1. 天然彩色棉纤维

利用遗传工程，给棉花植株植入不同颜色的基因，可使棉纤维具有浅黄、深棕色和墨绿色和铁锈红等天然色彩，如图 2—8 所示。彩色棉花形成的服装面料不必染整加工，有利于

环境保护。

浅黄色彩棉　　绿色彩棉　　红棕色彩棉

图 2—8　各色彩棉

2. 生态棉花

生态棉花又称有机棉，是通过基因工程将抗毛虫基因植入棉花，使棉株不再生虫，因此不需喷洒农药，减少了农药对人体和环境的危害，具有卓越的环保性能，在国际市场上备受青睐。

3. 新型化学纤维

新型化学纤维主要有差别化纤维、功能性纤维、Tencel（Lyocell）纤维、牛奶纤维和甲壳质与壳聚糖纤维等。其中，Tencel（Lyocell）纤维是新型的可降解的环保型再生纤维素纤维，近年来得到广泛应用。

五、常见纺织纤维的鉴别

纤维鉴别有定性和定量两种，定性鉴别——确定纤维种类，定量鉴别——确定各纤维所占比例。这里主要介绍几种定性鉴别的方法。

定性鉴别的方法有手感目测法、燃烧法、显微镜观察法、化学溶解法、药品着色法、熔点法等。具体鉴别时，几种方法优化组合使用，使纤维鉴别快速又准确。

1. 手感目测法

手感目测法是根据纤维的长度、细度、色泽、手感等特征来区分天然纤维和化学纤维、长丝纤维和短纤维。这种方法最简便，不需要任何仪器，在任何时间、任何地方都可进行，但需要鉴定人员有丰富的经验。

2. 燃烧法

燃烧法是一种简单而常用的方法，它与手感目测法相同，不需要借助仪器，只要有火种，在许多场合都可进行，掌握并不难。燃烧时用镊子夹住一小束纤维，观察其接近火焰、在火焰中及离开火焰三个过程中纤维是否熔融、燃烧速度及燃烧时产生的气味、燃烧后灰烬等特征来鉴别纤维。

3. 显微镜观察法

显微镜观察法是借助显微镜观察纤维的方法。绝大多数纤维的纵向、横截面形态特征是不相同的，可以借助显微镜观察纤维的纵向、横截面形态来区分各种纤维。各种纤维纵向、横截面形态特征如图 2—9 所示。

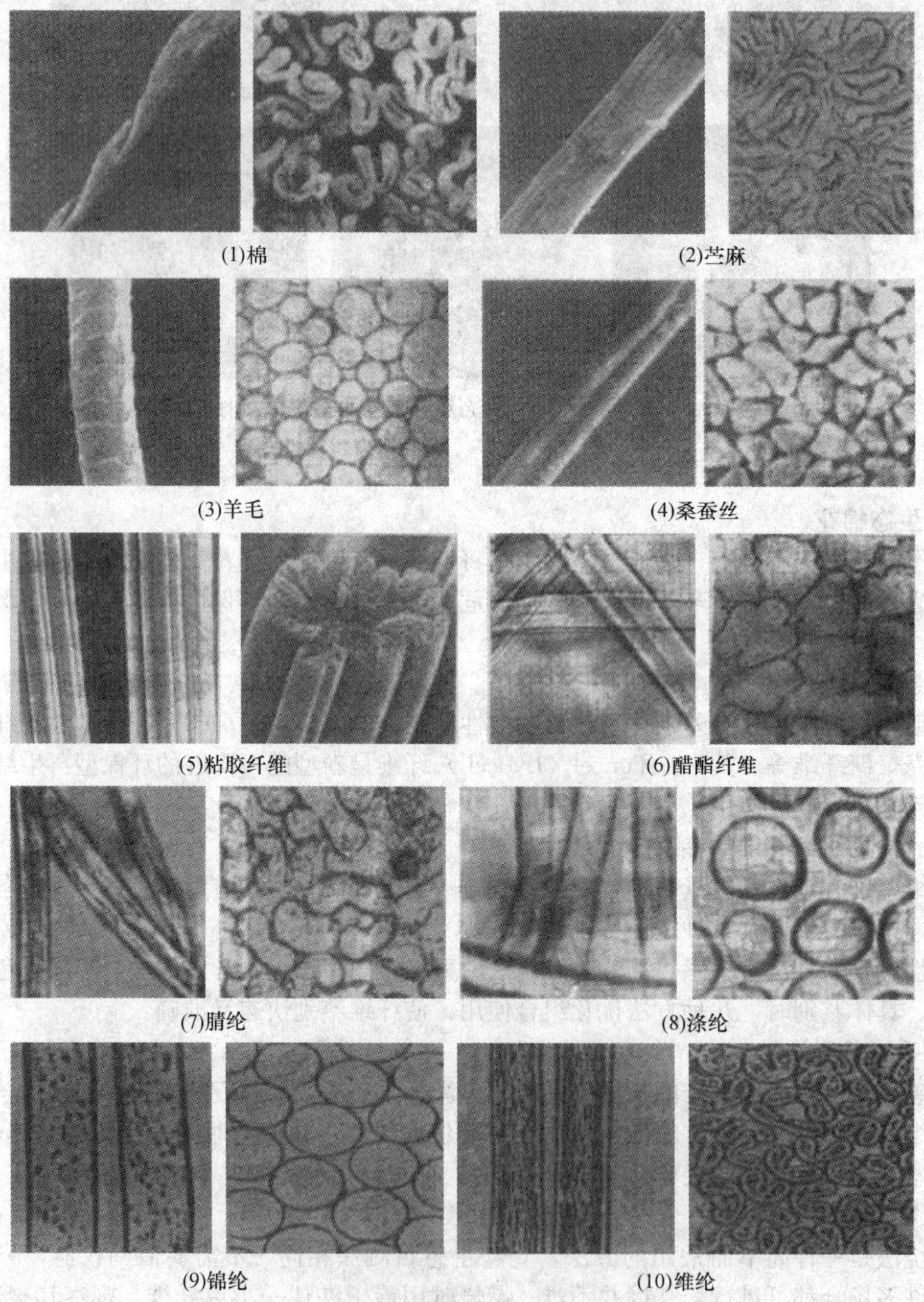

(1)棉　(2)苎麻　(3)羊毛　(4)桑蚕丝　(5)粘胶纤维　(6)醋酯纤维　(7)腈纶　(8)涤纶　(9)锦纶　(10)维纶

图 2—9　各种纤维纵向、横截面形态特征

4. 化学溶解法

化学溶解法是根据各种纤维的化学组成不同，在各种化学溶液中的溶解性能各异的原理来鉴别纤维。

5. 药品着色法

药品着色法是根据各种纤维的化学组成不同，对各种化学药品的着色性能不同来鉴别纤维，此法只适用于未染色产品。

六、常见纺织纤维的代号

在实际生产和应用中，为了更方便地表示纤维原料，常用英文字母代号表示。这些代号没有统一的标准规定，因此，同一种纤维可能有不同的代号。表 2—3 是常见纺织纤维的代号。

表 2—3　　常见纺织纤维代号

纤维种类	代号	纤维种类	代号
棉	C	涤纶	T
苎麻	RA	锦纶	N
亚麻	LI	腈纶	A
羊毛	W	维纶	V
羔羊毛	WL（Lambwool）	丙纶	PP
蚕丝	S	氨纶	PU/SPD
粘胶纤维	R	贝特纶	PTT
醋酯纤维	AC	Tencel	TS
铜氨纤维	CU	竹纤维	BM

第二节　纺织纱线和织物

纱线是由纺织纤维组成的、具有一定的力学性质、细度和柔软性的连续细长条。纱线形成的方法有两类，一类是长丝不经任何加工，直接做纱线用，或经并合、并合加捻及变形加工形成，称为长丝纱；另一类是由短纤维经纺纱加工形成，称为短纤维纱。织物指纤维或纱线，或纤维与纱线按照一定规律构成的片状集合体。

一、纱线的分类

纱线的分类方法很多，可根据不同的要求，分为不同的类型。

1. 按纱线的结构外形分

大体可分为单丝、复丝、捻丝、复合捻丝、变形丝、单纱、股线、花式线、膨体纱、包芯纱等。各种纱线结构的理想图形如图 2—10 所示。

单丝：指长度很长的连续单根丝。

复丝：指两根及以上的单丝并合在一起的丝束。

捻丝：由复丝经加捻而形成。

复合捻丝：捻丝经过一次或多次并合、加捻即成复合捻丝。

变形丝：化纤原丝经过变形加工后具有卷曲、螺旋、环圈等外观特性。加工的目的是增

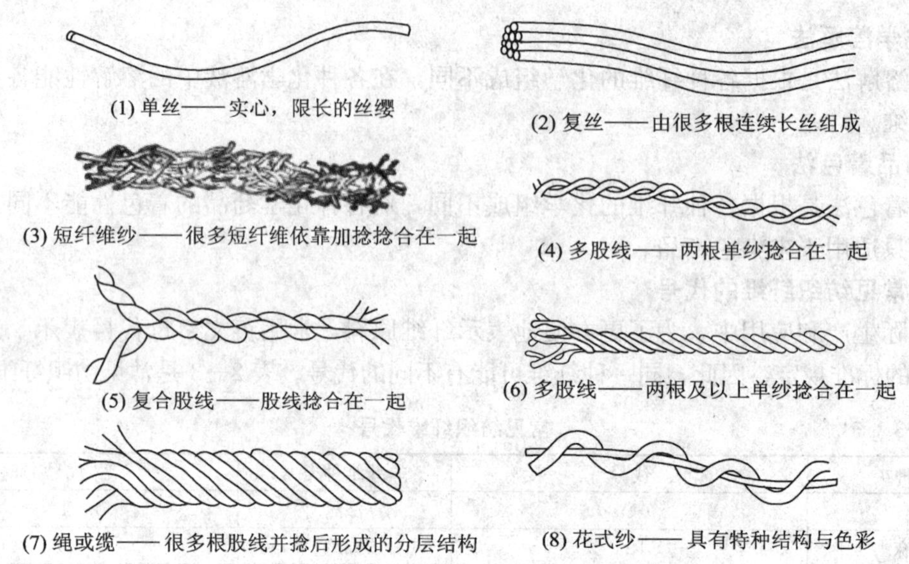

图 2—10　各种纱线结构的理想图形

加原丝的蓬松性、伸缩性和弹性。根据变形丝的性能特点，通常有弹力丝、膨体纱、网络丝三种。

单纱：由短纤维经纺纱工艺过程的拉细加捻形成的单根连续细长条。

股线：由两根及以上单纱合并加捻而形成，若由两根单纱合并加捻形成，称为双股线；三根及以上单纱合并加捻形成的，则称为多股线，股线再并合加捻就成为复捻股线。

花式线：用特殊工艺制成，具有特种外观形态与色彩的纱线，称为花式线，包括花色线和花饰线，是由同色或不同色的芯纱、饰纱和固纱在花色捻线机上加捻形成，表面具有纤维结、竹节、环圈、辫子、螺旋、波浪等特殊外观形态或颜色，如图 2—11 所示。

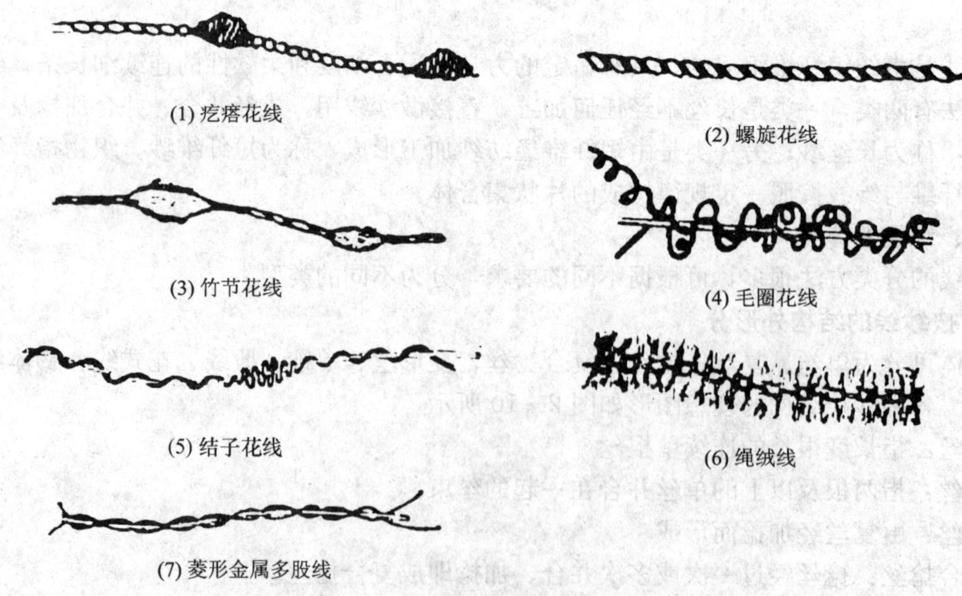

图 2—11　各种花式线的结构图

包芯纱：以长丝或短纤维纱为纱芯，外包其他纤维或纱线而形成的纱线，如涤纶/氨纶、棉/氨纶包芯纱。

2. 按组成纱线的纤维种类分

纯纺纱：用一种纤维纺成的纱线即为纯纺纱，命名时冠以“纯”字及纤维名称，例如纯涤纶纱、纯棉纱等。

混纺纱：由两种或两种以上纤维混合纺成的纱线即为混纺纱。命名规则如下：当混纺比不同时，比例大的在前；当混纺比相同时，则按天然纤维、合成纤维、再生纤维顺序排列，例如65/35涤/棉混纺纱、50/50毛/腈混纺纱，50/50涤/粘混纺纱等。

交捻纱：由两种或两种以上不同纤维原料或不同色彩的单纱捻合而成的纱线。

混纤纱：利用两种及以上纤维混合纺制成一根纱线，以提高某些方面的性能。

3. 按组成纱线的纤维长度分

长丝纱：由一根或多根连续长丝经并合、加捻或变形加工形成的纱线。

短纤维纱：由短纤维经加捻纺成具有一定细度的纱，可分为棉型纱、毛型纱、中长纤维纱。

长丝短纤维组合纱：由长丝和短纤维采用特殊方法纺制的纱，如包芯纱、包缠纱等。

4. 按花色（染整加工）分

原色纱：未经任何染整加工而具有纤维原来颜色的纱线。

漂白纱：经漂白加工的纱线。

染色纱：经染色加工，具有各种颜色的纱线。

色纺纱：由有色纤维纺成的纱线。

烧毛纱：经烧毛加工，表面较光洁的纱线。

丝光纱：经丝光加工的纱线，如丝光棉和丝光毛。将棉纱线放在一定浓度的碱液中处理，使纱线具有丝一般的光泽和较高的强力，即形成丝光棉纱；将毛纱中纤维的鳞片去除，即成为丝光毛纱。

5. 按纺纱工艺分

精梳纱：经过精梳工艺纺得的纱线称为精梳纱，纱线细度较细，品质优良。

普梳纱：经过一般的纺纱工艺纺得的纱线。

6. 按纱线的细度分

粗特纱：指线密度为32 D及以上的纱线。

中特纱：指线密度为21～31 D的纱线。

细特纱：指线密度为11～20 D的纱线。

超细特纱：指线密度为10 D及以下的纱线。

二、织物

织物按加工原理分为机织物、针织物、非织造布等；按用途分为服装用织物、装饰用织物、产业用织物等；按原料组成分为棉织物、毛织物、麻织物、丝绸织物、纯化纤织物、混纺织物等。

1. 机织物

机织物是指由经纬两个系统纱线按一定的规律在织机上相互交织而成的织物，如图2—12所示。

图 2—12　机织物

（1）机织物生产工艺流程如下：

经纱：原纱→络筒→整经→（浆纱）→穿、结经
纬纱：原纱→（络筒）→（热定型）→（卷纬）
} 织造→验布→（烘、刷布）

（2）机织物分类。机织物一般可按加工方法、织物原料、织物组织分类。

1）按使用原料分类

机织物根据其纤维原料组成情况不同可分为纯纺织物、混纺织物、交织织物和混并织物。

①纯纺织物：纯纺织物是指经、纬均用同一种纤维的纱线所织制的织物。如纯棉织物、全毛织物、纯涤纶长丝织物等。

②混纺织物：混纺织物是指经、纬用两种或两种以上不同种类的纤维混合纺制的纱线所织制的织物。混纺织物所用经、纬纱有天然纤维与天然纤维、天然纤维与化学纤维、化学纤维与化学纤维混纺的各种纱线。用不同种类纤维进行混纺，可以发挥纤维各自的优良性能，开拓织物品种，满足各种用途的不同要求。如涤棉混纺织物，经纬向均为涤棉混纺纱线。

③交织织物：交织织物是指经、纬用两种不同纤维的纱线交织成的织物，它可利用各种纤维的不同特性，改善织物的使用性能和取得某些特殊外观效应，满足各种不同要求，如棉经与涤/棉纬交织的闪光府绸等。

④混并织物：混并织物是用不同种类纤维的单纱并捻成线织制的织物。可利用各种纤维不同的染色性能，通过染整形成仿色织效应。如涤粘/涤纶混并哔叽，经纬均用涤/粘中长纱与涤纶长丝并捻线织制。

2）按纤维的长度和细度分类

按纤维的长度和细度不同，可分为棉型织物、中长型织物、毛型织物和长丝型织物。

①棉型织物：棉型织物是用棉型纱线织成的织物，这类织物通常手感柔软，光泽柔和，外观朴实、自然。如棉府绸、涤棉布、维棉布等。

②中长型织物：中长型织物是用中长型纱线织成的织物，中长织物大多加工成仿毛风格。如涤/粘中长纤维织物、涤/腈中长纤维织物等。

③毛型织物：毛型织物是用毛型纱线织成的织物，这类织物通常具有蓬松、柔软、丰厚的特征，给人以温暖感。如全毛华达呢、毛/涤/粘哔叽、毛/涤花呢等。

④长丝型织物：长丝型织物是用长丝织成的织物，这类织物表面光滑、无毛羽、光泽明亮、手感柔滑、悬垂好、色泽艳丽，给人以华丽感。如真丝电力纺、美丽绸、尼龙绸等。

3）按纺纱工艺和方法分类

①按纺纱工艺分类：按纺纱工艺不同，棉织物可分为精梳棉织物、粗（普）梳棉织物、废纺棉织物，分别用精梳棉纱、粗梳棉纱和废纺棉纱织成。毛织物分为精纺毛织物（精纺呢绒）、粗纺毛织物（粗纺呢绒），分别用精梳毛纱和粗梳毛纱织成。

②按纺纱方法分类：按纺纱方法的不同可分为环锭纺纱织物和新型纺纱织物。

4）按所用纱线情况分类

①纱织物：经纬向均采用单纱织成的织物。如纱府绸、各类平布等织物。

②半线织物：经向用股线、纬向用单纱织成的织物。如半线卡其、毛派力司等织物。

③线织物：经纬向均采用股线织成的织物。如线卡其、毛华达呢等织物。

5）按织物组织分类

①三原组织织物：平纹织物、斜纹织物和缎纹织物。

②其他组织织物：变化组织织物、联合组织织物和复杂组织织物。

6）按织物染色情况分类

①本色坯布：本色坯布是指未经任何印染加工而保持纤维原色的织物。如纯棉粗布、市布等，外观较粗糙，显本白色。

②漂布：漂布是由本白坯布经漂白加工而成的织物。

③色布：色布是由本色坯布经染色加工成单一颜色的织物。

④印花布：印花布是经印花加工而成的表面具有花纹图案，颜色在两种或两种以上的织物。

⑤色织布：色织布是先将纱线全部或部分染色整理，然后按照组织和配色要求织成的织物。此类织物的图案、条格立体感强，清晰牢固。

⑥色纺布：先将部分纤维或纱条染色，再将原色（或浅色）纤维或纱条与染色（或深色）纤维或纱条按一定比例混纺或混并制成纱线所织成的织物称色纺织物。色纺织物具有混色效应，如毛派力司、啥味呢、法兰绒等。

图 2—13 所示为几种色纺织物图片。

7）按织物用途分类

①服装用织物：服装用织物是用来制作如外衣、衬衣、内衣、袜子、鞋帽等的织物。

②装饰用织物：装饰用织物是用来制作如被单、床罩、毛巾、桌布、窗帘、家具布、壁布、地毯等的织物。

③产业用织物：产业用织物是用来制作如传送带、帘子布、篷布、过滤布、绝缘布、医药用布、人造血管、降落伞、宇航用布、土工用布、人造草坪等的织物。

2. 针织物

针织物是指用一组或多组纱线，本身之间或相互之间采用套圈的方法钩联成片的织物。它可以生产一定幅宽的坯布，也可以生产一定形状的成品件。按照生产方式不同又可分为纬编和经编两类，如图 2—14 所示。

（1）针织物的主要产品

纯麻色纺织物

麻棉色纺织物

纯毛色织物

图 2—13　几种色织物图片

1）服装用织物：内衣、外衣、袜子、围巾、手套等。

2）装饰用织物：窗帘、台布、沙发套、蚊帐、花边、毛毯等。

3）产业用织物：工、农、医疗、建筑、交通、国防等用品。

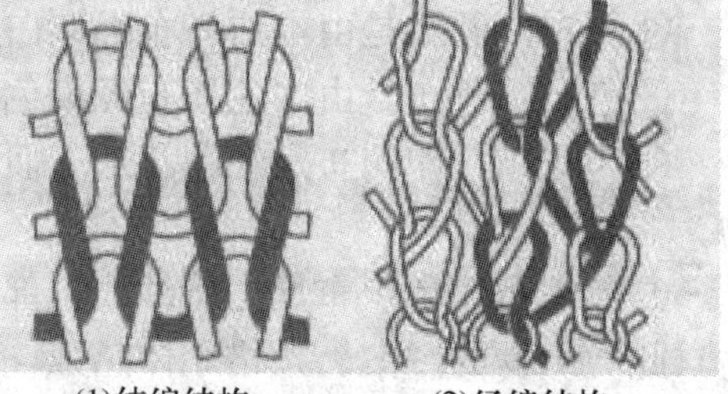
(1)纬编结构　(2)经编结构

图 2—14　纬编和经编结构

(2) 针织物的物理机械指标

1）线圈长度：一只线圈的纱线长度，以毫米（mm）表示。线圈长度决定织物的纵密，从而影响到织物的每平方米克重，此外，对针织物的脱散性、延伸性、抗起毛起球性、钩丝性等都有影响。线圈长度的测量采用拆散法，即拆 100 个左右的线圈，求平均值。

2）密度：一定纱支条件下织物的稀疏程度。纵密——沿纵行方向，50 mm 内线圈的横列数；横密——沿横列方向，50 mm 内线圈的纵行数。决定针织物的平方米克重，对针织物的脱散性、悬垂性、延伸性、抗起毛起球、钩丝性等都有影响。织物密度采用密度镜测定。

3）未充满系数：相同密度条件下，纱线的线密度对织物稀密程度的影响。

4）平方米克重：每平方米干燥针织物的质量。

5）断裂强力与断裂伸长率。

断裂强力：针织物在连续增加负荷的情况下直至断裂时所能承受的最大负荷。断裂伸长率：试样拉伸到断裂时的伸长量与原来长度之比，用百分率表示。

6）收缩率：针织物在加工和使用过程中，长度或宽度方面发生的变化。

3. 非织造布

非织造布是指定向或随机排列的纤维通过摩擦、抱合或黏合或者这些方法的组合而相互结合制成的片状物、纤网或絮垫，不包括纸、机织物、簇绒织物，带有缝编纱线的缝编织物以及湿法缩绒的毡制品。所用纤维可以是天然纤维或化学纤维，也可以是短纤维、长丝或当场形成的纤维状物。

（1）非织造布与传统产品的关系

非织造布是介于传统纺织品、塑料、皮革和纸四大柔性材料之间的材料，它与传统产品的关系，如图 2—15 所示。

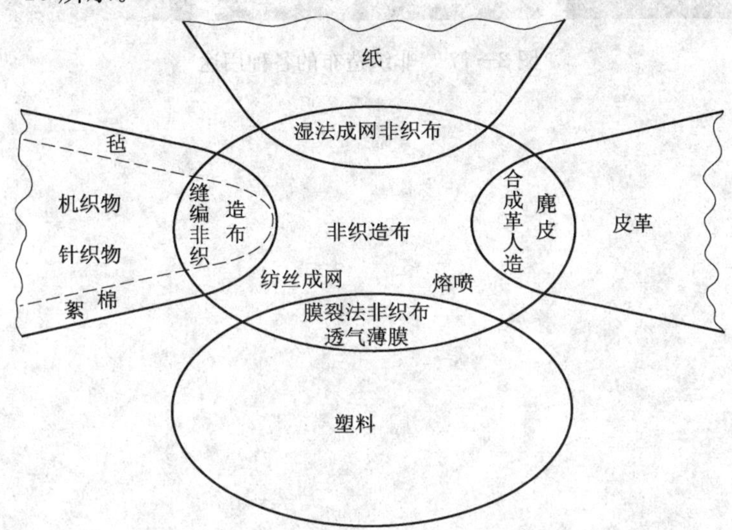

图 2—15 非织造布与传统产品的关系

（2）非织造布分类

非织造布的加工过程可以分为成网和固结两大过程。

①按照成网和固结方式不同，即按照生产工艺不同分类，如图 2—16 所示。

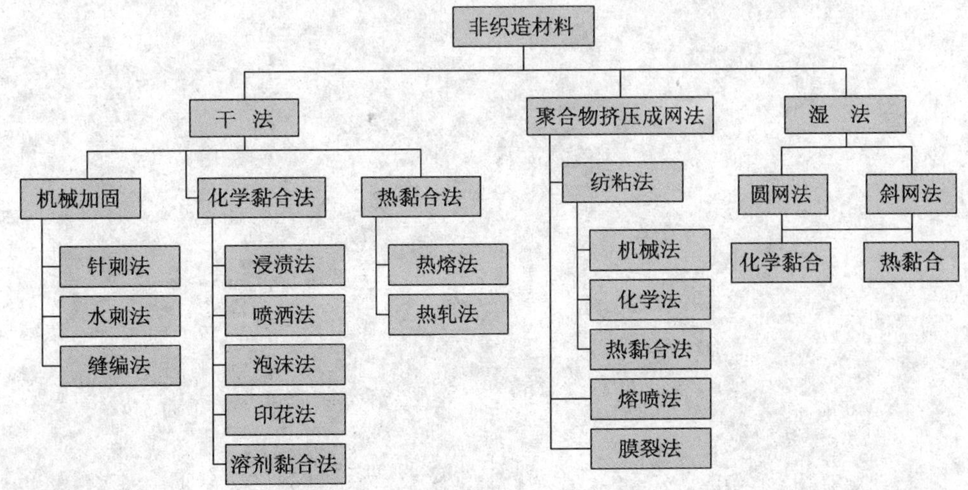

图 2—16 非织造布按加工工艺分类

②按照用途不同可分为服装用品类、装饰用品类、产业用品类。各类的部分用途如图2—17所示。

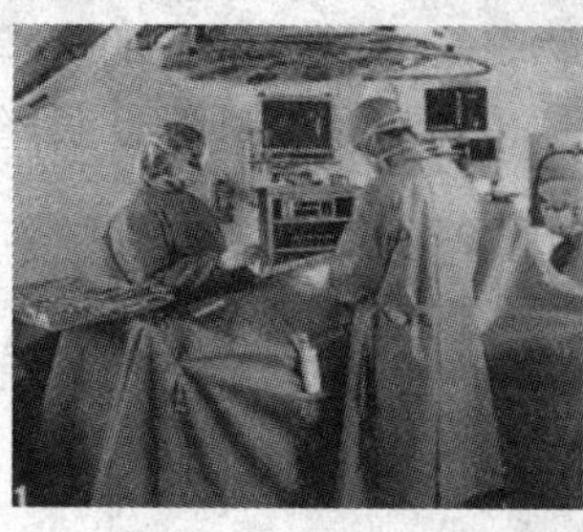

图2—17　非织造布的各种用途

第三章

纺纱技术

纺纱是从各种纤维原料到成为纺织面料和服装这一过程中不可缺少的工艺环节。纺纱过程就是将各种纺织纤维，通过纤维的集合、牵伸、加捻而纺成纱线，以供织造使用。

由纺织纤维构成的细而柔软并具有一定力学性质的连续长条统称为纱线。它们可以由单根或多根连续长丝组成，或由许多根不连续的短纤维组成。纱线实际上是纱与线的总称。纱线在生产流通过程中须以一定的形式卷绕成管、筒状或卷成球状等，如图 3—1 所示。

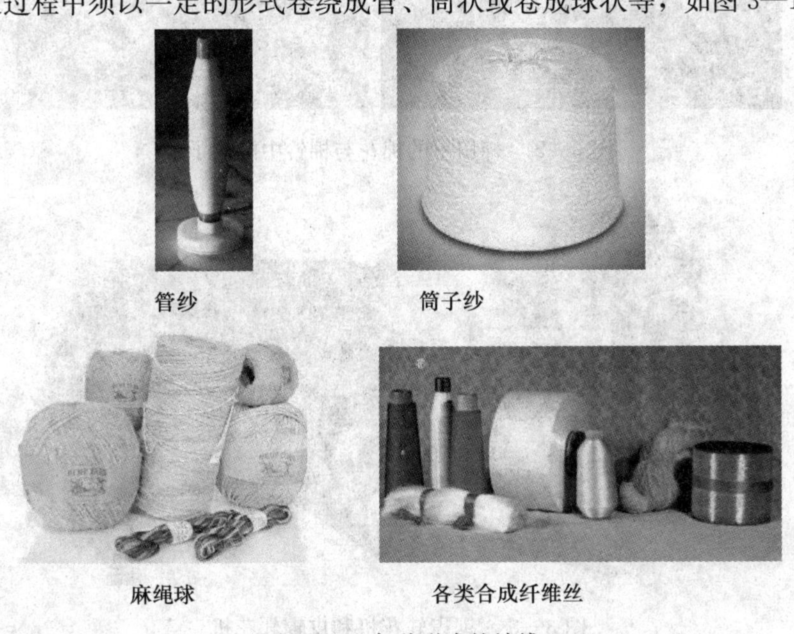

管纱　筒子纱

麻绳球　各类合成纤维丝

图 3—1　各种形式的纱线

第一节　纺织原料及纺纱基本原理

一、从原材料到纺织纤维

构成纱线的纺织纤维必须是具有一定的可纺性、力学、化学、热学等性能的纤维。目前的纺织纤维主要分为天然纤维和化学纤维两大类。化学纤维是经由化学加工后直接成为纺织纤维的，可直接用于纺纱加工。对于天然纤维如棉、毛、麻、丝，原材料需要经过一系列的加工过程才能成为纺织纤维，这个过程称为纺织原料的初步加工。

因为自然环境、生产条件、收集方式和原料种类本身特点，这些天然纺织原料除含可纺纤维外，还含有多种杂质，影响纤维的可纺性，这些杂质都需要在纺纱前去除。各种纺织原料的初步加工随原料不同而异。

1. 棉花初步加工

从棉田里采摘下来的棉花（棉铃）除了棉纤维外还含有棉子及其他杂质，如图 3—2 所示，在纺纱前必须除去棉子以制成无子的皮棉（又称原棉）。这种加工一般在棉纺厂外（轧棉厂里）进行，称为轧棉。常用的轧棉机器有锯齿轧花机和皮辊轧花机两类，如图 3—3 所示。轧棉所得的棉花分别称为锯齿棉和皮辊棉。

图 3—2　棉田里的棉花与棉铃中的棉子

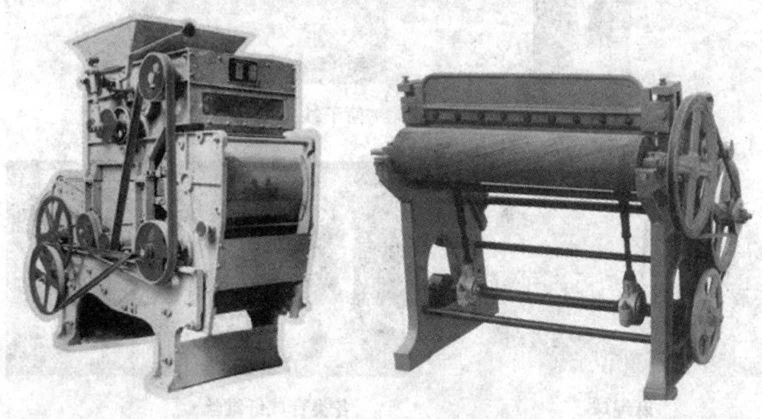

图 3—3　锯齿轧花机和皮辊轧花机

2. 羊毛初步加工

用于纺织生产的羊毛主要是绵羊毛。毛纺厂使用的原料是从绵羊身上剪下的羊毛（套毛或散毛，如图 3—4 所示），通常称为原毛。原毛中一般含有油脂、汗液、粪尿以及草刺、沙土等杂质，因此不能直接投入毛纺生产，而需要在纺纱前先去除。原毛的初步加工俗称开洗烘工程，须首先将压得很紧的纤维开松，去除原毛中易于除去的杂质，如沙土、羊粪等，再利用机械和化学相结合的方法去除油脂、汗液及黏附的杂质等。有的羊毛如散毛含草、杂质较多时，还需经过炭化作用去除这些植物性杂质。所用的设备有开洗烘联合机和散毛炭化联合机，如图 3—5 所示。得到的半成品分别为洗净毛和炭净毛。

图 3—4　绵羊与剪下的套毛

图 3—5　洗毛联合机（LB023 型）与散毛碳化联合机（JF100-122 型）

3. 麻类纤维初步加工

麻类纤维主要有苎麻、亚麻、黄麻、红麻、剑麻等，用于制作服装的主要是苎麻和亚麻，各种麻类植株如图 3—6 所示。

苎麻

亚麻

黄麻

剑麻

图 3—6　各种麻类植株

从茎秆上剥下来的麻皮（又称原麻）中除含有纤维素外，还含有一些胶质和杂质，它们大部分包围在纤维的表面，使纤维黏结在一起。这些影响纺纱加工和纱线质量的非纤维素杂质必须在成纱前全部或部分去除，这种加工称为脱胶。苎麻原麻经过脱胶后得到半成品称为精干麻（见图 3—7），亚麻脱胶后成为打成麻（见图 3—8）。

原麻

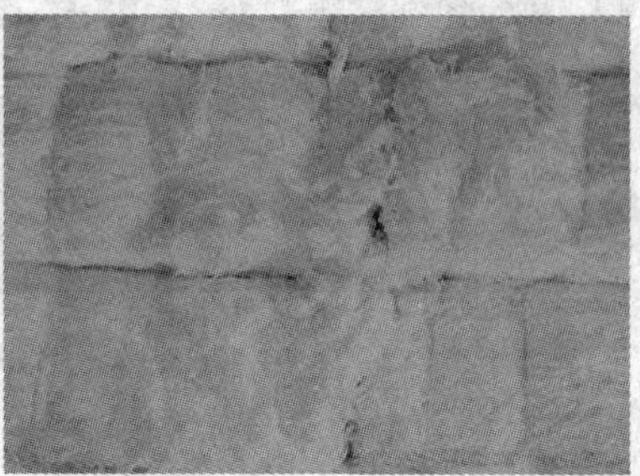
精干麻

图 3—7　苎麻原麻与精干麻

原麻

打成麻

图 3—8　亚麻原麻与打成麻

4. 绢纺原料初步加工

绢纺原料是养蚕、制丝和丝织业中剔除的疵茧和废丝，其中含有丝胶、油脂、泥沙污染物和其他杂质，在纺纱前需将其去除制成较为洁净、蓬松的精干棉，这一过程称为精炼。精炼首先对绢纺原料进行选别、开松除杂，然后再以化学精炼或生物酶精炼方法除去原料上大部分丝胶、油脂、无机物以及其他杂质。图 3—9 所示为从桑蚕饲养、吐丝、结茧到蚕蛹的过程。精炼后的精干棉如图 3—10 所示。

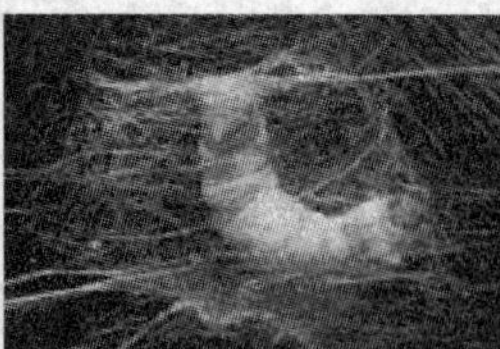

图 3—9　桑蚕结茧的过程

二、纺纱基本原理

纺织纤维制成纱线的过程称为纺纱工程。经过长期的实践，纱线的生产形成了各具特色、互不相同的棉纺、毛纺、麻纺和绢纺四大专门的纺纱工程。各种纺纱工程可根据不同的纤维原料、工艺流程分成若干纺纱系统，如棉纺工程的普（粗）梳系统、精梳系统、废纺系统，毛纺工程的粗梳毛纺系统、精梳毛纺系统、半精梳毛纺系统，麻纺工程的苎麻纺纱系统、亚麻（湿）纺纱系统、黄麻纺纱系统，绢纺工程的绢丝纺系统、䌷纺系统等。各种纺纱工程和不同的纺纱系统，所选用的机械设备和工艺流程有很大差异，具有各自的特点，但其纺纱的基本原理（作用）是一致的，一般都需要经过开松、梳理、牵伸、加捻等基本过程，如图3—11所示。

图3—10　精干棉

纺纱厂使用的纤维原料多数以压紧包的形式运送到工厂，纤维原料是杂乱无章的块状集合体。纺纱加工中，需要先把压紧包中的纤维原料中间原有的局部横向联系（纤维间的交错、纠结）彻底解除（这个过程称为“松解”），并牢固建立首尾衔接的纵向联系（这个过程称为“集合”），纺成纱线。

图3—11　纺纱的基本作用过程

现代纺纱技术中，松解和集合都不能一次完成，需要经过开松、梳理、牵伸和加捻四个步骤或作用。

开松是把大的纤维团、块扯散成小块、小束的过程，可使纤维间横向联系的规模缩小，为进一步松解到单纤维状态提供条件。

梳理是采用梳理机件上包覆的密集梳针对纤维进行梳理，把纤维小块、小束进一步分解成单纤维。梳理后，纤维大多呈屈曲弯钩状，各纤维之间因相互勾结仍具有一定的横向联系。分解的纤维形成网状，可以收拢成细长条子（直径2～3 cm，如图3—12所示），初步达到纤维的纵向顺序排列。当然此时纤维的伸直程度还远远不够。

图3—12　装于条筒的条子（苎麻纤维）

牵伸就是把梳理后的条子抽长拉细，使其中的纤维逐步伸直，弯钩逐步消除，同时使条子逐步达到预定粗细（须条）的过程，如图3—13所示。这样，残留在纤维内部的横向联系才有可能被彻底消除，为建立沿轴向的有规律的首尾衔接关系创造条件。

加捻是利用回转运动，把牵伸后的须条加以扭转，以使纤维间的纵向联系固定起来的过程。细条子绕本身轴向扭转一周，称为加上一个捻回。加捻作用示意图如图3—14所示。加

图 3—13　条子拉伸成须条前后

捻后，细条子的力学性能发生了变化，具有一定强度、刚度、弹性等，达到了一定的使用要求，即为纱线（细纱），如图 3—15 所示。

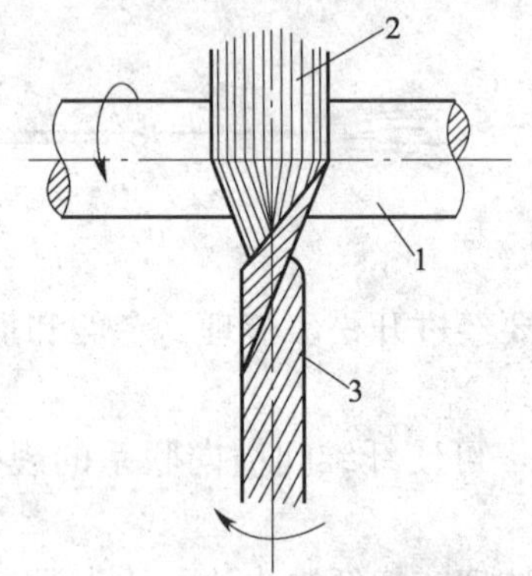

图 3—14　加捻作用示意图
（环锭细纱机加捻）
1—前罗拉　2—须条　3—细纱

图 3—15　细纱

可见，纺纱过程是一个对原有纤维逐步松解、整理集合的过程。上述四个步骤是纺纱的基本作用步骤，对能否纺出纱起决定性的作用。

第二节　纺纱过程及主要设备

纺纱的基本过程是能否成纱的决定性步骤，在纺纱加工中是不可缺少的。在实际的纺纱加工中，为了能获得较高质量的纱线，往往还需要有各种步骤或作用（除杂、混合、精梳、并合等）的共同配合。

一、纺纱过程

纺纱加工及其产品与纤维的特性有着直接的关系，为了纺纱加工的稳定、顺利，必须根据产品的质量要求，对各种原料进行选择、搭配，即进行纤维原料的选配。在纺织厂，一般不用单一质量标志的纤维原料，而是将几种原料相互搭配使用。原料的选配与混合是指在纺纱之前，对不同品种、等级、性能和价格的纤维原料进行选择，按一定比例搭配使用，混合成质量一定的混合原料，以确保同一批号纱线质量的长期稳定，并有利于节约原料和降低成本。

因此，在实际的纺纱加工中，一般是先对经过初步加工的纤维原料进行选配，再对选配好的原料进行加工。

在纺纱过程中的四个基本步骤或作用的基础上，实际的纺纱过程还包括其他许多的步骤或作用，其中，除杂、混合、精梳、并合可使纱线产品更加均匀和洁净，从而提高纱线质量，但都不是成纱的必要工序。还有一类是纺纱过程中为使前后道工序能相互衔接所不可缺少的作用过程，即卷绕，它包括做成花卷、装进条筒、绕上纱管、络成筒子、摇成绞纱等。图 3—16 所示是衔接开、清、混工序与梳理工序的卷绕作用（做成花卷）。

图 3—16　衔接开、清、混工序与梳理工序的卷绕作用

纺织原料的开松、除杂、混合是一并完成的，它们相互关联：开松是实现除杂和混合的先决条件，只有将纤维开松成细小棉束并进一步开松成单根纤维，才能更好地清除杂质，才能实现充分混合。

纺织原料经过开松、清理、混合之后便梳理成条，梳理可分为粗梳和精梳，粗梳是进一步开松、除杂、混合的有效方法，对特殊要求的纱线还要经过更加细致的精梳处理，以去除不合要求的过短的纤维和细小的杂质、疵点。

纱线和各半制品皆要求有一定的均匀度。经开松、清杂、梳理之后制成的半制品条子，其粗细、均匀的程度，仍不能满足要求，因此，还要经过并合作用，将多根棉条并合在一起，使粗细不匀的片段有机会得以相互补偿而使均匀度得到改善。

因此，一个完整的成纱作用，可视为几个部分的综合作用，如图 3—17 所示：

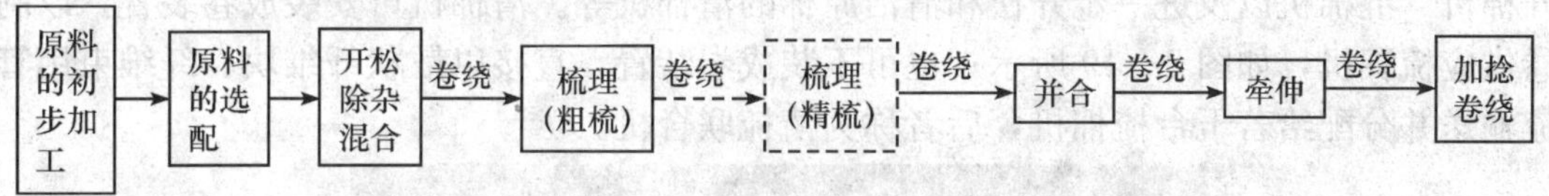

图 3—17　纺纱的完整作用过程

二、棉纺纺纱过程及设备

棉纱纺纱过程是指把棉纤维加工成为棉纱、棉线的纺纱工艺过程（棉纺工程）。这一工艺过程也适用于纺制棉型化纤纱、中长纤维纱以及棉与其他纤维混纺纱等。棉织物服用性能好，价格低廉，且棉纺工序比较简单，所以在纺织工业中占首要地位。

棉纺加工主要有粗梳（普梳）系统和精梳系统，两类系统工艺流程分别如下。

粗梳（普梳）系统：配棉与混棉→开清棉→梳棉→并条（头道）→并条（二道）→粗纱→细纱。

精梳系统：配棉与混棉→开清棉→梳棉→精梳准备→精梳→并条（头道）→并条（二道）→粗纱→细纱。

细纱以前的工序，统称为前纺，包括开清棉、梳棉、并条、粗梳、粗纱等，依原棉的纤维长度，含杂和成纱品质要求等组成不同的前纺工艺；前纺加工之前，必须先进行原料选配。细纱以后的加工，有络筒、并纱、捻线、摇绞等。

1. 配棉与混棉

棉花的原料选配称为配棉，即把原棉按长度、细度、强力等纤维性能以及产地、批号等，依纺纱要求进行选配，混合成一定质量的混合棉。纺纯棉纱广泛采用棉包混棉法，利用自动抓包机（见图 3—18）逐包抓取原棉，喂入混棉机中混合。当原料性能差异较大（如棉与化纤混纺）时，一般用棉条混棉法，将原料分别清、梳成条后在并条机上混合。

图 3—18　自动抓包机

2. 开清棉

把原料按选配的比例从棉包中抓取出来，混合均匀，开松成小棉块和小棉束，除去部分杂质和疵点，然后集合成一定宽度、厚度或质量的棉层，卷绕成棉卷。开清棉是用开清棉联合机的一系列机械来完成，包括从棉包中抓取棉块的自动抓包机，进行初步开松并混合的各种开棉机、混棉机以及进一步开松和清洁原棉的清棉机等。清棉机可安装成卷装置，以制成棉卷供应梳棉机，如图 3—19 所示；也可不装成卷装置，直接以散状纤维块、纤维束用管道气流输送并分配给若干台梳棉机，后者称为清梳联合机。

图 3—19　清棉机将棉花开清制成棉卷

3. 梳棉

梳棉机把纤维块或纤维束用针齿表面分梳成为单纤维状态，同时除去较细小的或黏附在纤维上的杂质疵点，也除去一部分短绒，最后制成棉条输出。梳棉机输出的棉条，俗称生条，有规律地盘放在条筒中，如图 3—20 所示。生条中含有不超过 0.1%的极少量杂质，纤维大部分呈弯钩状。

图 3—20　棉卷在梳棉机上集束成生条

4. 精梳

把 20 根左右生条经牵伸、并合制成小棉卷，这个过程称为精梳准备工序。把小棉卷喂入精梳机，利用不同的针排分别对纤维的两端进行梳理，除去短纤维和杂质，制成精梳棉条，如图 3—21 所示。经过精梳的棉条，纤维整齐度和洁净度好，能纺制品质良好、号数较细的精梳棉纱。

图 3—21　精梳机将小棉卷制成精梳棉条

5. 并条

为了纺制均匀且强力较高的细纱，把 6～8 根棉条并列喂入罗拉式并条机，经牵伸把棉条拉细并汇集成一根棉条，圈入条筒，如图 3—22 所示。棉条的并合使条干和结构都获得改善，制成更均匀的棉条。在牵伸过程中利用纤维间的摩擦力使纤维伸直平行，尤其要使梳棉棉条中的弯钩状纤维伸直平行。并条工序一般有 2～4 道。并条制得的棉条俗称熟条，其粗细与生条相似，但结构有差异。

由于并条时将几根棉条并列喂入，所以有混合作用。在对原料性能差异较大（如棉与化纤混纺）的原料进行配棉与混棉时，以不同的纤维条按规定比例在并条机上混合，称为条子混合，简称混条。

图 3—22　生条在并条机上牵伸并合成熟条

6. 粗纱

把熟条牵伸拉细，加以合适的捻回，使须条稍为捻紧，卷绕在筒管上制成粗纱，以供细纱机纺纱用，如图 3—23 所示。

图 3—23　熟条在粗纱机上牵伸加捻制成粗纱

7. 细纱

细纱是成纱的最后工序。把喂入的粗纱拉细成所需细度的须条，然后加捻、卷绕成细纱，如图 3—24 所示。细纱的强力、光泽等物理机械性质应符合以后加工和产品的要求。

图 3—24　粗纱经细纱机牵伸加捻制成细纱

细纱机纺成的棉纱都卷绕在细纱管上，称为管纱（见图 3—1）；也可以卷绕在纬纱管上，直接供织机使用，称为直接纬纱。管纱经络筒工序绕成直径大的筒子纱（见图 3—1）。筒子纱可以供机织、针织和编织用，也可以直接出售。根据纱的用途不同，筒子纱有的摇成绞纱，经小包机打成小包，再打成大包，称为件纱。有的则将两根纱先并列绕成并纱筒子，然后在捻线机上捻成股线，必要时再经过烧毛。股线还可多根并合复捻成较粗的缆线。

第四章 机织技术

从纱线织成织物的过程即是织造。织造包括机织和针织，是通过交织或者成圈串套建立纱线行间或列间的横向联系，在纱线内纤维纵向顺序联系的基础上，使机织物或针织物内纤维产生纵横交叉联系，以形成稳定结构的过程。各种纱线和长丝都可以用来制造机织物和针织物。

机织物是指由两组纱线，即经纱和纬纱，互相垂直交织起来的织物，如图 4—1 所示。一般将机织物简称织物。由纺纱工程而得的纱或线织制成机织物的过程，称为机织工程。沿织物长度方向（纵向）排列的是经纱，沿宽度方向（横向）排列的是纬纱，经、纬纱线按一定的织物组织规律浮沉、相互交错组合即是交织。

图 4—1　平纹织物布面和组织结构图

机织物品种繁多。按原料不同分为棉织物、毛织物、麻织物、丝织物、化纤织物、各种混纺织物等。织物按加工特点分为白织物和色织物。白织物是指用原色纱制成的织物，而色织物是指用色纱制成的织物。生产服装用织物的有棉织、色织、丝织、毛织、麻织等企业，生产非服装用织物的有毛巾、床单、织带、麻袋、罗帐、地毯、造纸毛毯等企业。

织物生产的工艺流程分为准备、织造、织坯整理三大阶段，有的还要经过染整加工，才能成为商品。

第一节　织前准备及机织基本原理

一、织前准备

机织物是由经纬纱在织机上交织而形成的。在织造过程中，经纱与经纱之间，经纬纱之间、经纱与织机上各种物件之间，反复发生着纵向、横向的摩擦和弯曲。为了使纱线有足够的强度、耐磨性和弹性，确保纱线在织造过程中不致因上述各种破坏力的作用而发生断裂；为了使纱丝减少疵病，提高光洁度，以确保织造生产效率，获得优良的产品；为了增加纱线的卷装长度，利于连续生产，必须对经、纬纱进行织前的准备，以达到提高经、纬纱的工艺性能的要求。

不同原料的机织准备包括不同的工艺过程，如棉织、毛织、丝织、绢丝和苎麻织造、黄麻织造等织造各有其具体的工艺过程，但总的来说各准备工序大同小异，主要包括经纱准备工序和纬纱准备工序。通常称这些准备工序为织前准备（准备工程）。

织前准备（准备工程）的任务有下列两方面：

（1）改变卷装形式

经纱在准备工程中，由单纱卷装（管纱）变成具有织物总经纱数的织轴卷装。纬纱在准备工程中，可不经改变直接用来织造。也可再经络筒、卷纬工序后，进行织造。

（2）改善纱线质量

经纱经准备工程后，其外观疵点得到适当清除，织造性能也得到提高。通常改善纱线质量的方法是进行清纱和给经纱上浆。

织前准备是机织工程的前半部分。准备工程的优劣与织造工程能否顺利进行以及织物的质量都有密切关系。所以，有经验的生产组织者，总是把极大的注意力放在织前准备上。

织前准备主要包括两方面的工序：

（1）经纱准备工序：络筒→整经→浆纱→穿经或结经

（2）纬纱准备工序：卷纬

1. 络筒

络筒工序是在络筒机上进行的，如图 4—2 所示。其任务是将纺纱工程中得到的细纱管纱加以接续，在此过程中，使纱线获得适当的、均匀一致的张力；按规定的要求，检查和清除纱线上的粗细节等纱疵、杂质和尘屑，清疵过程中形成小而坚牢的结头；卷绕成密度均匀、容量充分、成形良好、便于退绕的筒子。

图 4—2　典型的自动络筒机

2. 整经

整经是在整经机上进行的。整经工序的任务是按工艺设计所规定的经纱根数，从整经机后筒子架上的筒子上，引出一幅片纱，并按设计规定的长度、幅宽，在确保纱线根与根之间、片与片之间、前后之间张力均匀、适当的情况下，将纱片平行的卷绕成成形良好的经轴。整经的方法有分批、分条、分段三种，三种整经机如图 4—3 所示。

图 4—3　分批整经机、分条整经机和分段整经机

3. 浆纱

浆纱是在浆纱机上进行的，如图 4—4 所示。浆纱工序的任务主要是提高纱线的可织造性，同时将经过浆纱的纱片，在张力均匀、排列均匀和卷绕密度均匀一致的情况下，卷绕成成形良好的织轴，提高纱线的可织造性。

4. 穿经或结经

这是经纱织前准备的最后一道工序，任务是根据所设计织物的要求，将织轴上引出的纱线，按一定的规律，逐根穿过停经片、综丝眼和钢筘筘齿，以便织造时开成梭口，纳入纬纱，织成有一定幅度和经密的织物。传统的穿经方法是用手工方法并借助于半自动机械完成的，当生产的品种批量较大时，可采用自动结经机，将新、旧织轴上的经纱自动地逐根接续、完成穿经工作，如图 4—5 所示。

图 4—4　双浆槽形浆纱机

半自动穿经机

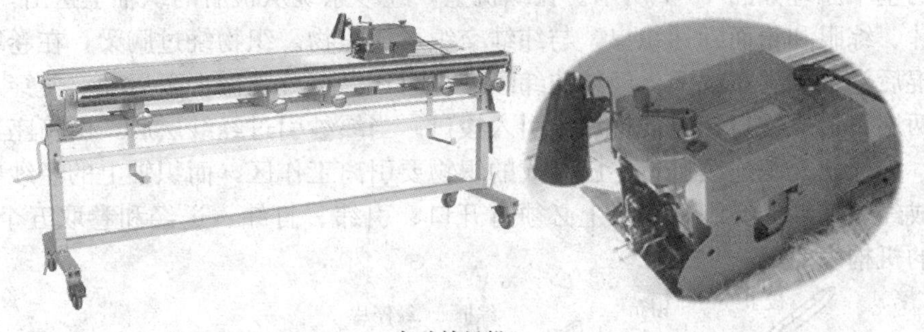

自动结经机

图 4—5　半自动穿经机和自动结经机

5. 卷纬

卷纬是织前的纬纱准备工序，如图 4—6 所示。主要任务是将已经改变卷装形状的纬纱筒子，在卷纬机上重新卷绕，做成能符合织造要求，有合适密度和良好成形、张力均匀、便于退绕，并有符合要求的卷装，同时，剔除一部分纱疵，以改善纱线张力的均匀性，提高纬纱质量。在无梭织机使用的纬纱卷绕要求是筒子，因此不需卷纬。有梭织机使用的纬纱卷绕要求是纡子，纡子分为两种，一是在细纱机上直接绕成的纬纱，称为直接纬纱；二是经卷纬装置卷成纡子的纬纱，称为间接纬纱。

图 4—6　卷纬

在织造过程中，当纬纱张力过小而纬纱捻度较大，或由于纬纱反捻力强时，有可能产生纬缩和起圈现象。为了减少或防止以上弊病的产生，除了降低纬纱捻度、增加纬纱退绕张力外，还常采用给湿、加热的办法使纬纱定捻。

二、机织基本原理

经过织前准备的经纱、纬纱，要在织机上进行交织，最后形成织物。织机的品种、规格非常多。不论是何种织机，完成经、纬纱线的交织，一般都需由开口（将经纱分为上下两层，形成梭口）、引纬（把纬纱引入梭口）、打纬（将纬纱推向织口）、送经（织轴送出经纱）和卷取（织物卷离形成区）五大运动的有机配合，并辅以其他辅助运动的配合，才能得以完成。机织的基本原理如图 4—7 所示。在织机上，经纱系统从机后的织轴上送出，绕过后梁，穿过经停片、综眼和筘而到达织口，与纬纱交织形成织物。织物绕过胸梁，在卷取辊的带动下，经导辊后卷绕到卷布辊上。经纱与纬纱交织时，综框分别做上下运动，使穿入综眼中的经纱分成两层，形成梭口，以便把纬纱引入梭口。当纬纱引过经纱层后，由筘座上的筘把它推向织口。为了使交织连续进行，已制成的织物要引离工作区，而织轴上的经纱要进入工作区。要完成经、纬纱的交织，织机上必须有开口、引纬、打纬、送经和卷取五个基本动作，各由相应的机构来完成。

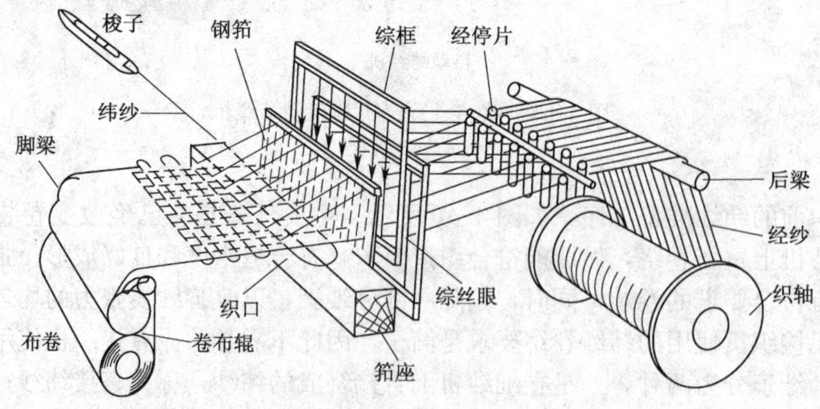

图 4—7　机织基本原理示意图

第二节　机织过程及主要设备

机织工程的一般生产流程如图 4—8 所示。

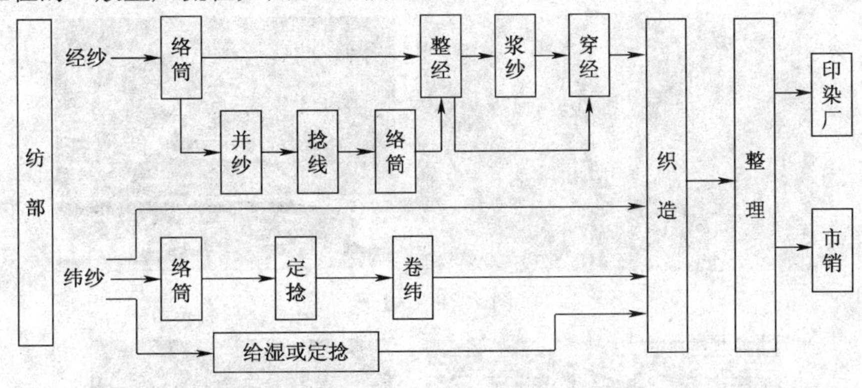

图 4—8　机织工程的一般生产流程

这一工艺流程主要分为织前准备、织造、织坯整理三大阶段。织前准备中，络筒、整经、穿经是经纱准备的必经过程，络筒和卷纬是纬纱准备的必经过程；此外，有的经纱要上浆，有的经、纬纱要经过热湿处理（包括给湿、浸渍、蒸纱、定形等）；需要用股线时，还要经并线、捻线；如果要求纱线特别光洁，还要经过烧毛。

经过织前准备的经纱、纬纱，在织机上通过开口、引纬、打纬、送经和卷取五个基本动作进行交织，最后形成织物。

织机上织成的织物，需进行一系列整理工作后方可供市销或印染加工，这就是织坯整理。

一般来说，织物的品种不同，所用的纱线原料和织物结构也不相同，织前准备、织造和织坯整理也因之有所不同。

一、织造过程

1. 开口运动

要形成机织物，经、纬纱线必须产生交织；而要形成交织，经纱必须产生一定的沉浮，形成上、下两层不同的经纱，使经纱形成一个可供纬纱引入的空间。因此，按设计的织物组织的要求，以一定的规律升降综框，使经纱上下分开即称为开口运动或开口。开口运动的机构即为开口机构。开口机构有踏盘式、多臂式、提花式三种。在满足顺利引纬的条件下，要尽量减小开口过程中经纱所受的各种负荷，以减少经纱断头，提高织机的产量和织物的质量。

2. 引纬运动

引纬是在梭口形成后，通过引纬器将纬纱引入梭口，以实现经纱和纬纱的交织，分为有梭引纬和无梭引纬两大类。有梭引纬是由投梭机构打击装有纡子的梭子（见图 4—9），使梭子飞行引入梭口。投梭机构分上投梭、中投梭和下投梭三种。有梭引纬机构结构简单，调节方便，适应性广，布边光洁平直；但噪声大，动力和机物料消耗大，织疵多，且不适应高速生产，产量低。无梭引纬是由引纬器将纬纱引入梭口，生产中常见的无梭引纬有片梭引纬、剑杆引纬、喷气引纬和喷水引纬四种。片梭引纬是采用具有夹持纱线能力的扁平片梭（见图4—10）将纬纱引入梭口；剑杆引纬是利用剑状杆送纬剑、接纬剑（见图4—11）将纬纱引入梭口；喷气引纬和喷水引纬是喷射式的引纬，分别用压缩空气和高压水流喷射引纬。喷气引纬如图4—12所示。

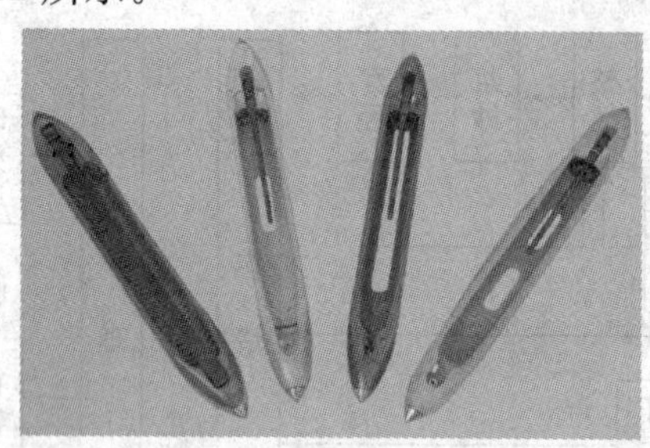

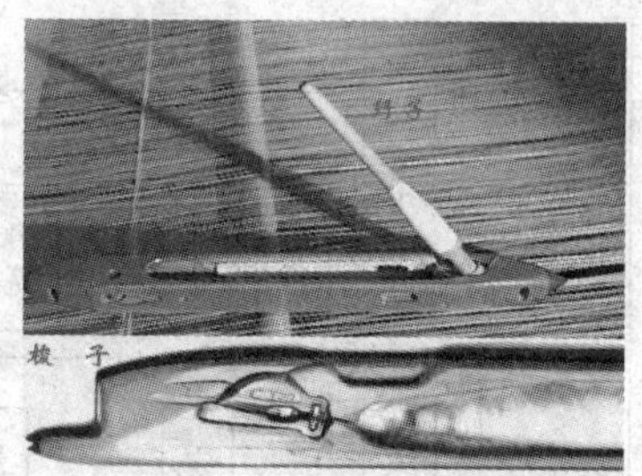

图4—9　梭子

图4—10　扁平片梭

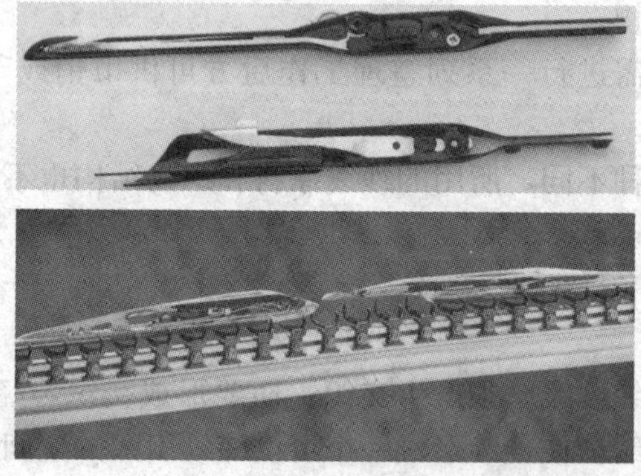

图4—11　送纬剑、接纬剑

3. 打纬运动

送入织口的纬纱必须由外力打紧定位，将纬纱压向织口的过程就是打纬。打纬主要有两种方法：一种是用曲柄、连杆传动筘座上的筘，做前后运动进行打纬，称为连杆打纬，通常采用四连杆机构；另一种是由共轭凸轮传动筘座上的筘做前后运动进行打纬，称为共轭凸轮打纬。凸轮可以按需要设计以控制筘座在后方的静止时间，适用于阔幅织机的引纬和打纬。

4. 送经运动

送经的任务是随织造的进行，不断使织轴送出一定量的经纱，并使经纱保持一定的张

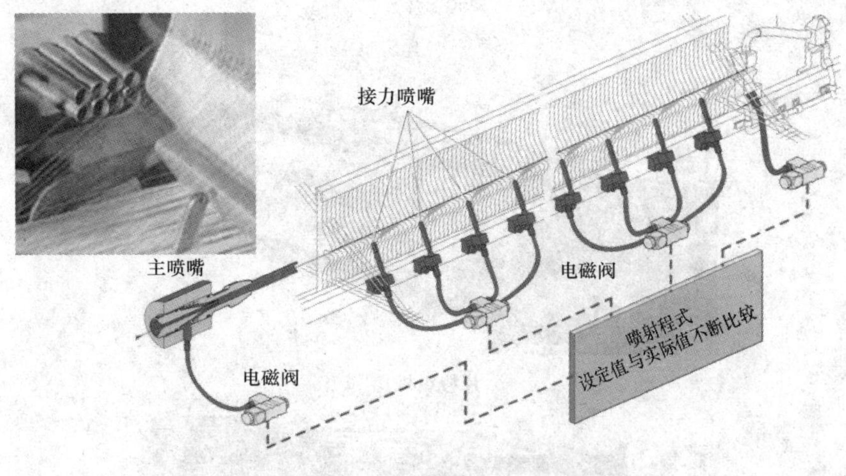

图 4—12 喷气引纬示意图

力。送经机构通常由织轴上经纱送出装置和经纱张力调节装置两部分组成。在织造过程中经纱上机张力须适当，不应随织轴直径的变化而上下波动。

5. 卷取运动

卷取的任务是随织造的进行，及时将形成的织物引离交织区域，并卷绕于布辊上，使纬密符合织造要求。

除上述五项主要运动外，织造过程一般还有断经自停、缺纬自停、纬纱补给（换梭）等由辅助机构控制的辅助运动。在现代纺织技术中，织物的织造是由各式各样的织机完成的，现代织机及其相应的辅助器件配合，能很好地实现上述织造的过程。

二、织机

生产织物所用织机的基本原理相同，差别仅在于具体品种、规格不同。

现代织机的品种、规格非常多，按加工原料不同分棉织机、毛织机、丝织机和麻织机等；按照产品结构规格的不同，分为毛巾织机、罗帐织机、地毯织机、造纸毛毯织机、起绒织机、织带机；按照开口机构形式的不同，分为踏盘织机、多臂织机和提花织机。

最常用的是按引纬方法分类的织机分类。根据引纬方法的不同，织机可分为有梭织机（见图 4—13）和无梭织机两类。前者靠梭子来穿引纬纱，后者则革除了梭子，由引纬器将纬纱引入梭口，主要有片梭织机、剑杆织机、喷气织机和喷水织机四大类型，如图 4—14 所

图 4—13 有梭织机（自动换梭织机）

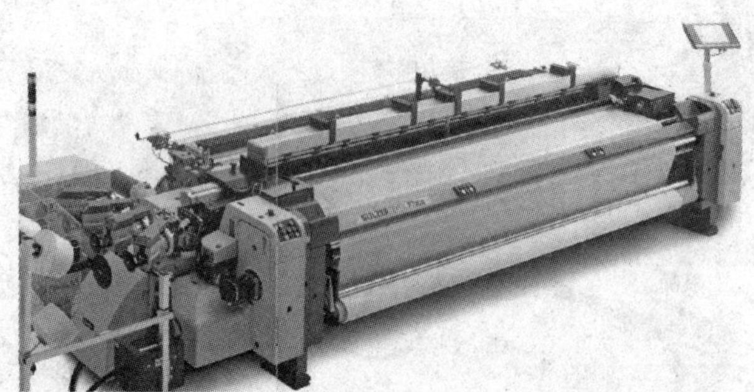

片梭织机

挠性剑杆织机

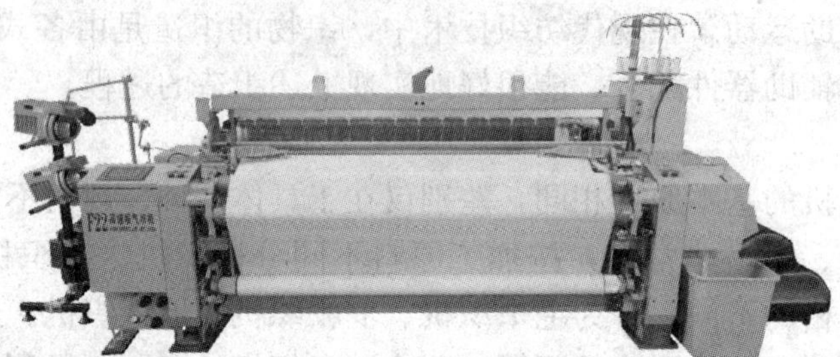

喷气织机

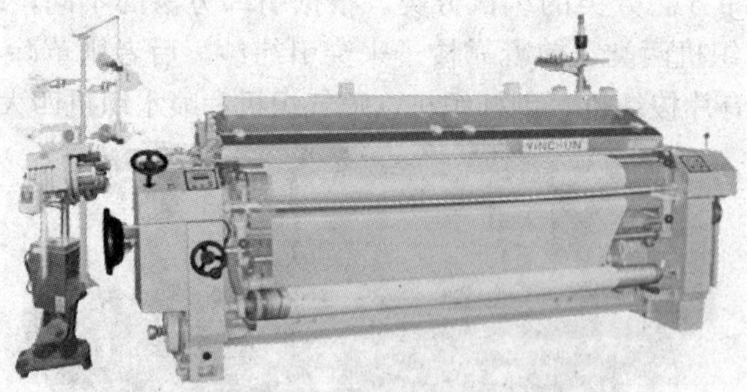

喷水织机

图 4—14　各种无梭织机

示，所采用的引纬方式分别为片梭引纬、剑杆引纬、喷气引纬和喷水引纬。无梭织机正在以比较快的速度在世界各地推广。

此外，还有采用其他方法引纬的新型织机，如织特殊织物的三向织机和正在研究中的多梭口织机等。

三、织坯整理

织机上织成的织物卷到布辊上，达到规定的落布长度后，将布辊取下，送入整理车间对织物进行一系列整理工作，这就是织坯整理。经此工序后，布匹即可供市销或印染加工。

织坯整理的工艺流程要根据具体的织物要求而定，一般包括以下工艺过程：

验布→刷布→烘布→折布→整修、复验→分等→打包

织坯从织机上落下后，须在验布机上逐匹检验疵点，测定下机产量并标出疵点记号，以便整修（见图 4—15）。清刷是通过刷布机（见图 4—16）的砂轮和毛刷的磨刷作用，除去织坯上残留的白星和杂物，使织物表面光洁。烘布是把织物的回潮率控制在一定范围以内，以防止储存中霉变。折叠是以一定幅度把织物在长度方向折叠起来，并测量连匹长度，采用自动折布机（见图 4—17）进行。折叠起来的织坯经过整修（见图 4—18）和复验，最后按疵点情况给予评分，并根据评分多少分等。经过分等的织物便可成包入库。

机前

机后

图 4—15　验布

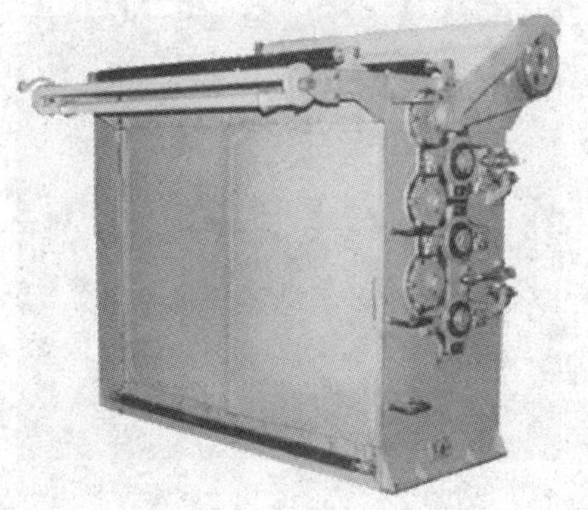

图 4—16　刷布机

图 4—17　自动折布机

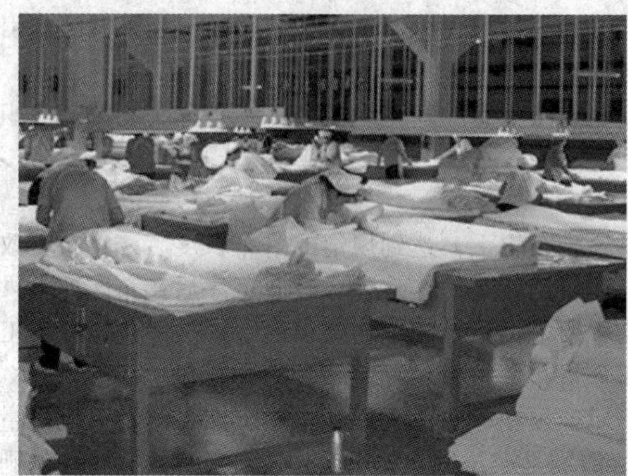

图 4—18　修布

第五章 针织技术

针织是近代发明的一种织造方法，它具有生产工艺流程短的特点。针织工业发展速度很快，现已成为纺织业中最具活力或最具发展前景的纺织体系之一。目前，一些发达国家生产的针织产品耗用纤维量已占到整个纺织品纤维用量的50%左右。

针织是利用织针把纱线弯成线圈，然后将线圈相互串套而成为针织物的一门工艺技术。典型的平针织物如图5—1所示。

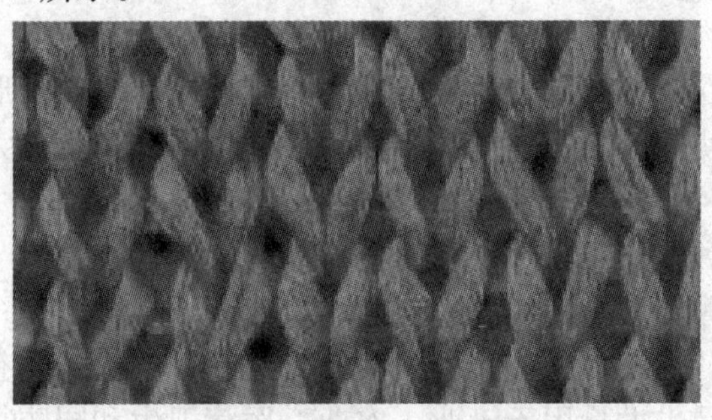

图5—1　纬编平针织物

根据编织方法的不同，针织物生产可分为纬编和经编两大类，针织机也相应地分为纬编针织机和经编针织机两大类。

第一节　针织产品及针织基本原理

一、针织产品与用途

针织产品种类很多，主要产品有内衣、羊毛衫、外衣、袜品、手套等服装类针织物、各种家庭装饰用针织物以及各种产业用针织品等。纬编针织物和经编针织物由于结构不同，在特性和用途等方面也有一些差异。

针织生产除可织制成各种针织坯布，经裁剪、缝制而成各种针织品外，还可在机上直接编织成形产品，以制成成形针织品。由纬编或经编工艺，用纱线织成所需外形的成形衣服、衣片或成形坯件，是针织生产独有的工艺，即成形工艺。采用成形工艺可以节约原料，简化或取消裁剪和缝纫工序，节约原料消耗，改善产品质量，提高劳动生产率，已广泛应用于袜子、羊毛衫、外衣、手套、帽子、裙子、连裤袜、三角裤、人造血管、包装袋等的生产。素色产品一般先成形，后染色；花式产品则先染色，后编织成形。

成形针织品有全成形和部分成形两类。全成形一般不需再裁剪即可成衣，部分成形必须经部分裁剪加工（如开领口、挖袖孔等）才能成衣。

现代针织成衣有一类工艺即是利用成形编织工艺先织成衣坯，然后经过染整、缝合、整烫成衣的，这类工艺称为成形缝制。若不采用成形编织工艺，则需对染整后的针织坯布原料裁剪成衣坯，再缝合、整烫成衣。

纬编针织物质地柔软，具有较大的延伸性、弹性以及良好的透气性。根据线圈结构及其排列的不同，纬编针织物组织可分为原组织、变化组织和花色组织三类，原组织又称基本组织，包括单面的平针组织、双面的螺纹组织和双反面组织；变化组织有单面的变化平针和双面的双螺纹组织等；花色组织主要有提花组织、集圈组织、毛圈组织、衬垫组织等，以及由以上组织复合而成的复合组织。

一般来说，经编针织物的脱散性和延伸性比纬编针织物小，其结构和外形的稳定性较好。经编针织物的组织主要有单面基本组织和双面经编组织，单面基本组织有编链组织、经平组织、经缎组织等。

总的来说，线圈结构的针织物，手感柔软，蓬松性和悬垂性好，富有弹性，适身性好，穿着舒适，加之其透气性能好，符合卫生要求，并能形成梭织难以形成的网眼、复合等组织结构，因此具有宽广的使用前景。针织产品在服装、装饰和产业几大方面的众多领域上都已有广泛应用。

服装方面，从内衣到外衣及内外衣结合的服装，从帽子到袜子、鞋子，均有针织制品。内衣、运动服装、袜子等几乎被针织品所包揽。在时装领域，针织品也越来越占据重要地位。

装饰方面，从窗帘、台布、坐垫、沙发套等到地毯、壁毯，均有针织制品。

产业方面，针织制品也大量用于工业、农业、医疗卫生和国防等领域。例如，汽车篷布和坐垫、轮胎帘子布、运输带、建筑安全网、暖棚顶布、遮阴网、土工布、人造血管、钢盔、降落伞、飞机罩壳、遮蔽网、天线、发电风轮叶片等。

针织产品的若干用途如图 5—2 所示。

二、针织基本原理

针织物是由一根纱线弯曲成圈相互串套联结而成的。横向联结行列称为横列，纵向串套行列称为纵行；线圈的直线部分叫圈柱，弧形部分叫圈弧（见图 5—3）。针织物按工艺结构有正面与反面之分，圈柱覆盖于圈弧之上的一面为正面，反之为反面（见图 5—4）。针织物的正面光泽较好。针织物有单面和双面之分，双面针织物可以看做是由两个单面针织物复合而成，较为厚实，不易卷边。

现代针织技术是由早期手工编织演变而来的，早期的手工编织是用竹质或骨质棒针、钩针将纱线编结而成，如图 5—5 所示。

现代针织生产是采用各种针织机织造的。针织物形成的过程中，先将纱线喂给、垫放到织针之上，弯成线圈，然后使线圈串套，最后将针织物牵拉或卷绕起来。这个过程主要有三大运动，即给纱、成圈和牵拉卷取。

1. 给纱

纱线由给纱装置积极送出或由纱线张力拉出，输送到针织机的成圈编织区域。

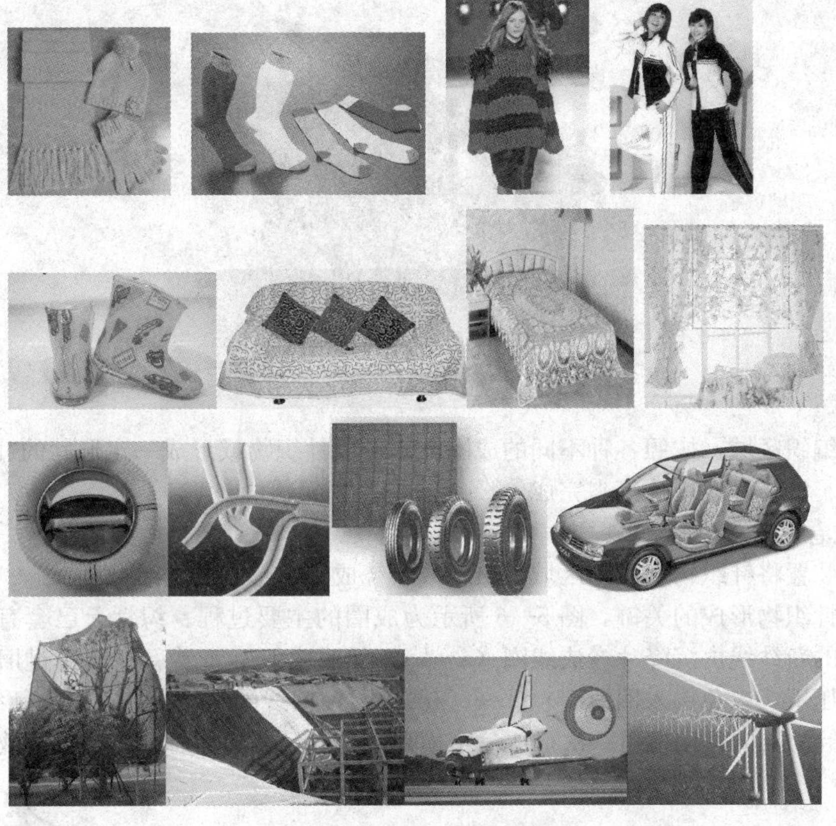

图 5—2　针织产品的若干用途

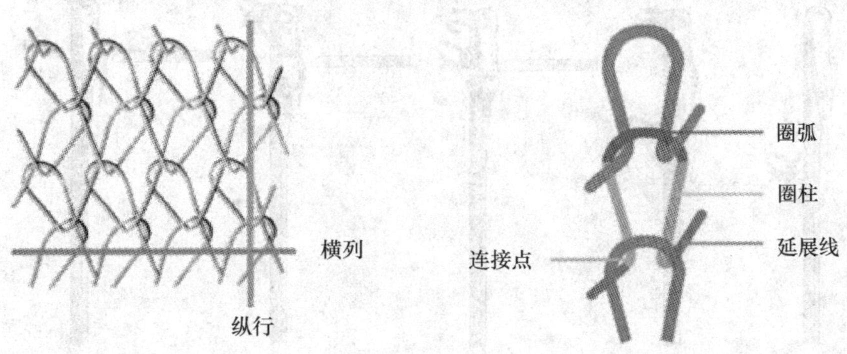

图 5—3　针织线圈结构

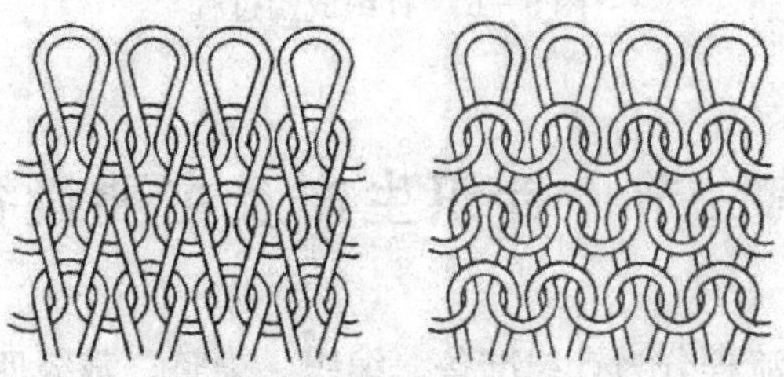

图 5—4　针织物正面与反面（纬编平针织物）

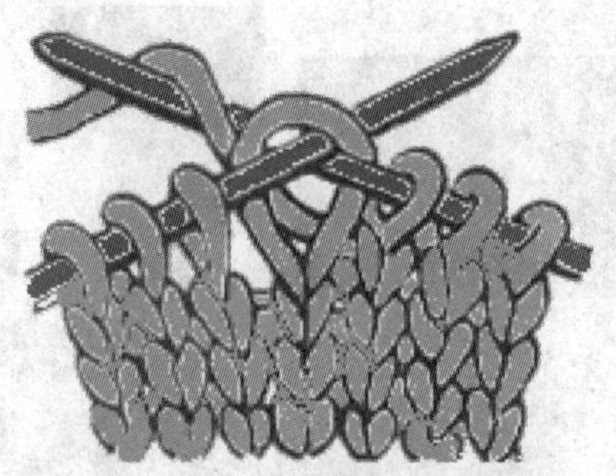

图 5—5　手工编织图

2. 成圈

纱线在编织区域，按照各种不同的成圈方法形成针织物或形成一定形状的针织品，成圈过程由织针、沉降片、压片等来完成。

3. 牵拉卷取

由引出装置将针织物从成圈区域引出，或卷绕成一定形状的卷装。

成圈是针织物形成的关键，图 5—6 所示为成圈的主要过程。织针上已套有旧线圈，垫放在针杆上的新纱线由沉降片弯成线圈（a→b），然后由织针带着新线圈穿过旧线圈（此时针钩由压片压下，以免钩入旧线圈）（b→c→d），再使旧线圈从针上脱下套到新线圈上（d→e）。多个织针的共同作用便可一次形成一个横列。如此反复进行即可形成针织物。

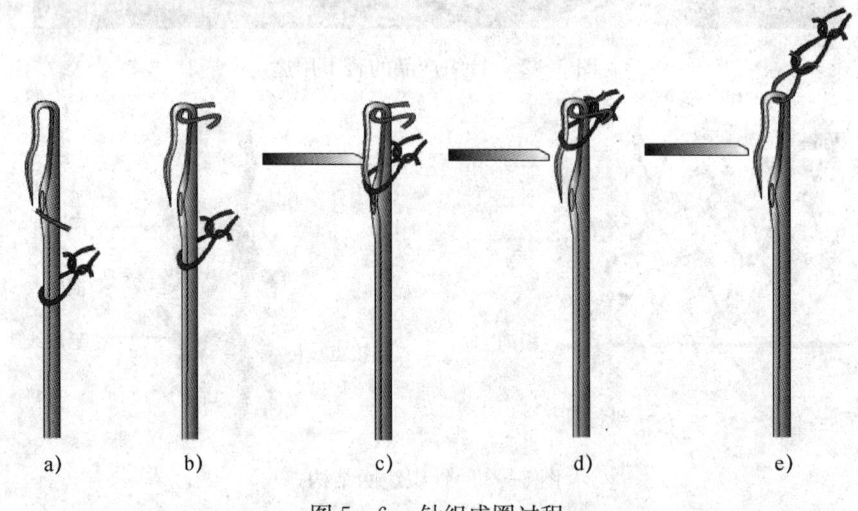

图 5—6　针织成圈过程

第二节　针织生产及主要设备

针织工业生产的整个流程分为针织准备、编织、染整、裁缝四大工序。经过针织原料的准备，采用各种编织方法进行织造，即可得到针织物或成形针织品。根据编织方法的不同，针织物生产分为纬编和经编两大类。两类针织生产工艺的准备、编织工艺各不相同，所采用的针织机也相异。

一、纬编、经编准备与编织

1. 纬编准备与编织

纬编准备工序：络纱

一些从纱厂进来的筒子纱原料，如棉纱、低弹丝等不用纬编准备可直接上机生产。而对一些绞纱和卷装不适合针织生产的纱线，则需络纱工序。针织厂使用的络纱机有两种，一种是槽筒式络纱机，如图 5—7 所示，另一种是菠萝锭络纱机。

图 5—7　槽筒式络纱机

在纬编中，每根纱线沿纬向顺序垫放在纬编针织机各相应的针上，以编织成纬编针织物。在纬编针织物中，由同一根纱线形成的线圈沿着纬向（横向）配置，如图 5—8 所示。

2. 经编准备与编织

经编准备工序：络筒→整经→穿经

在经编中，原料经过络纱、整经，纱线平行排列卷绕成经轴，然后上机生产。纱线从经轴上退解下来，各根纱线沿纵向各自垫放在经编针织机的一枚或至多两枚织针上，以编织成经编针织物。在经编针织物中，由同一根纱线形成的线圈则沿着经向（纵向）配置，如图 5—9 所示。

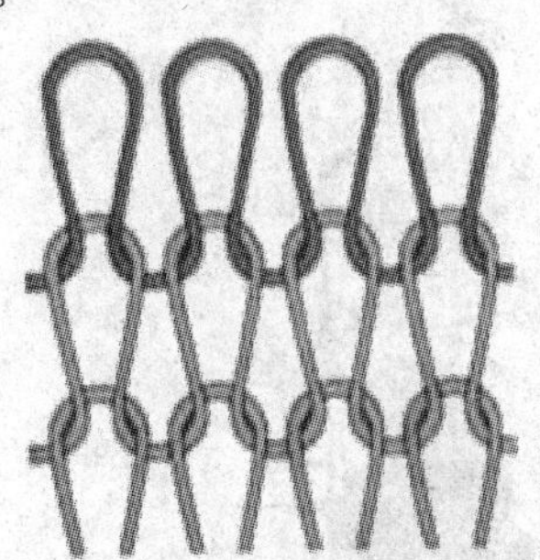

图 5—8　纬编针织物基本结构

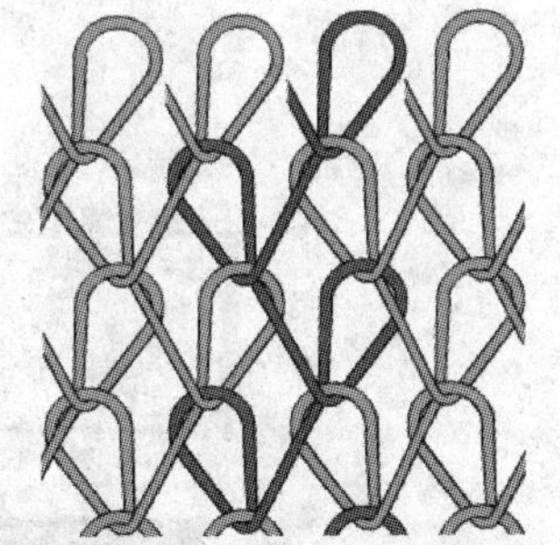

图 5—9　经编针织物基本结构

有时，针织用纱还需经过上蜡、给湿或汽蒸、给油等工序。给湿、给油可在络纱机上进行，也可在编织过程中进行。对于色织产品，如果进厂纱线为白线时，需经染色后再上机。

二、针织机

针织机按照纬编和经编两种生产工艺，可分为纬编针织机和经编针织机；按针床数可分为单针床针织机和双针床针织机；按针床形式可分为平形针织机和圆形针织机；按织针类型可分为钩针机、舌针机和复合针机等。各种织针如图 5—10 所示。

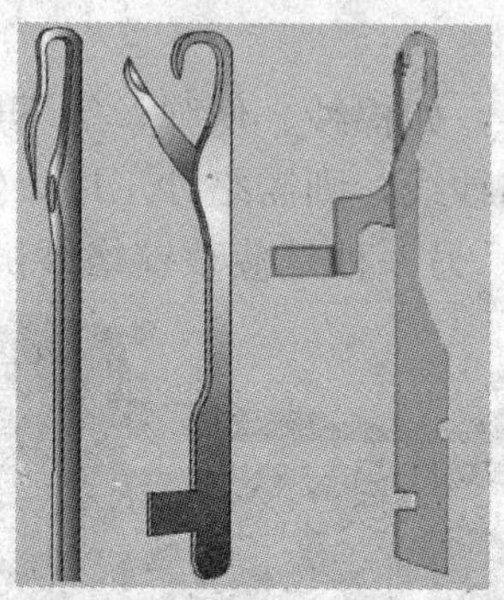

图 5—10　钩针、舌针和复合针

因此，针织机的种类和机型有很多，纬编针织机主要有各种圆纬机、横机、袜机等，如图 5—11 所示；经编针织机主要有各种多梳栉经编机、缝编机、拉舍尔经编机、衬纬经编机、贾卡经编机等，如图 5—12 所示。

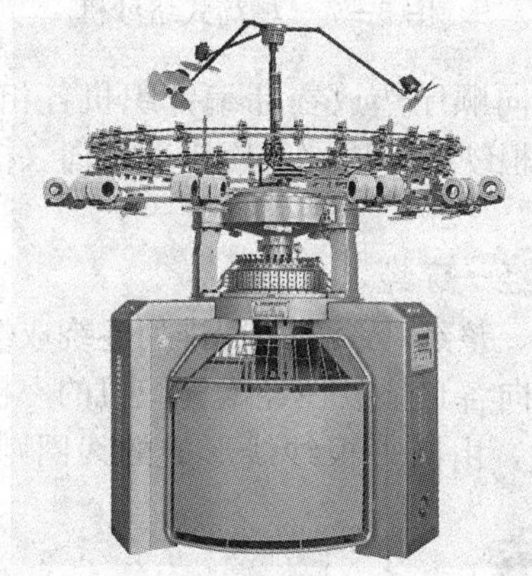

双面高速圆纬机

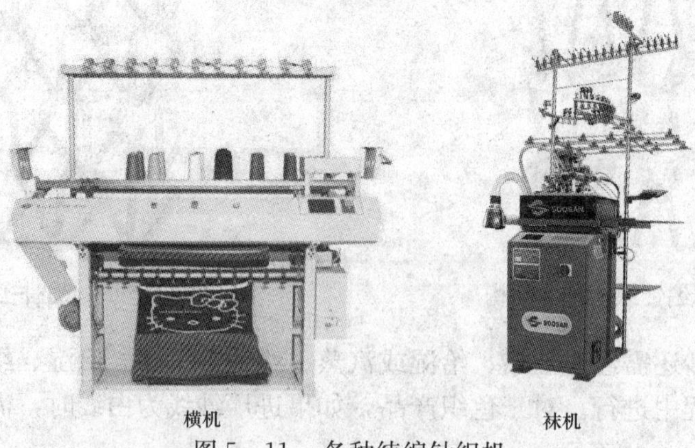

横机　　袜机

图 5—11　各种纬编针织机

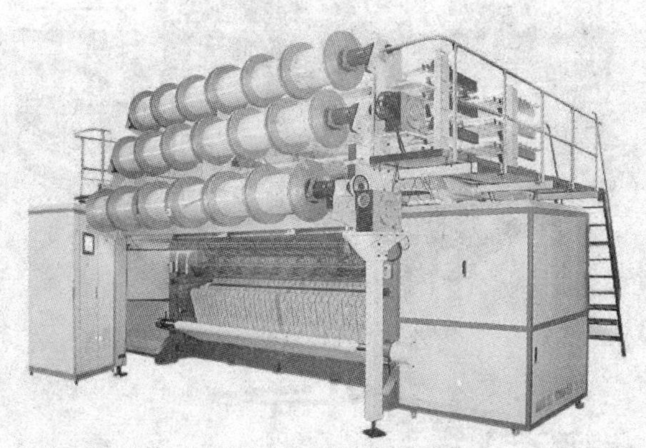

多梳栉经编机

纤维网形缝编机

拉舍尔经编机（窗帘布机）

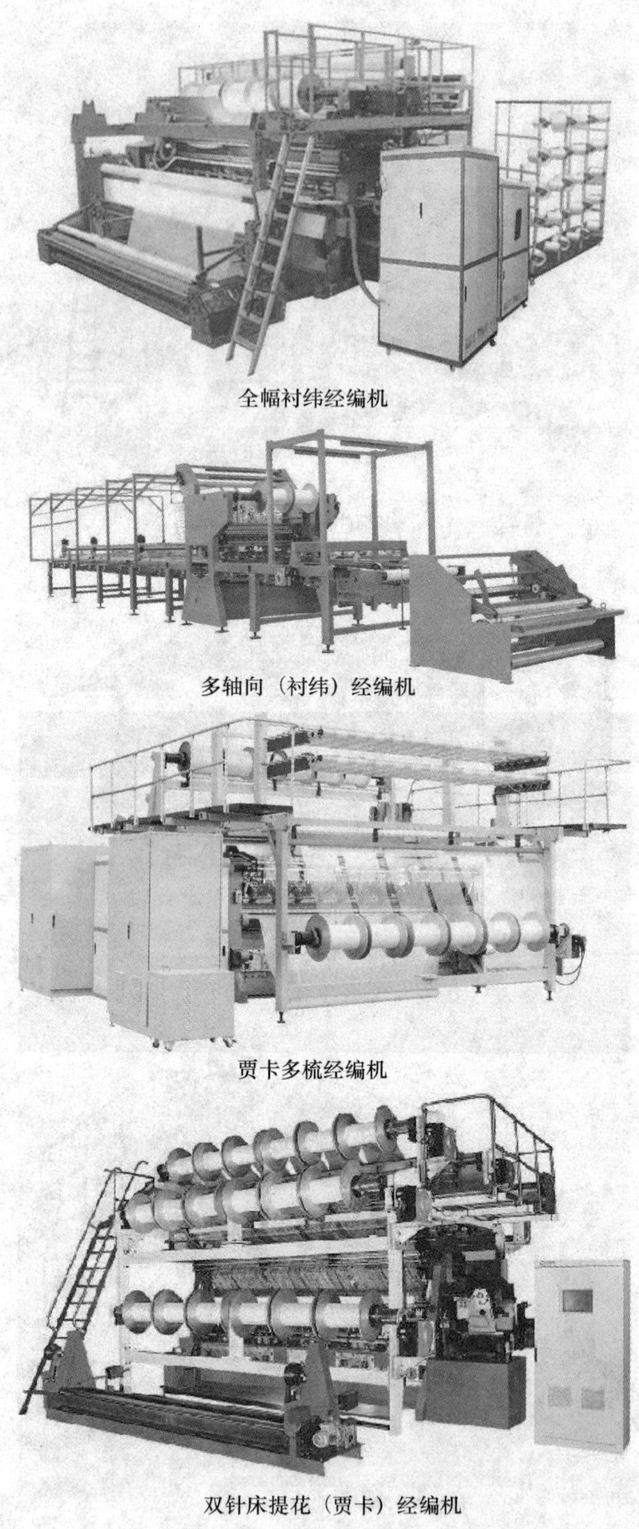

全幅衬纬经编机

多轴向（衬纬）经编机

贾卡多梳经编机

双针床提花（贾卡）经编机

图 5—12　各种经编针织机

针织机一般主要由给纱机构、编织机构、牵拉卷取机构、传动机构和辅助机构组成。给纱机构、编织机构、牵拉卷取机构是针织成圈过程的主要机构。传动机构是将动力传到针织机的主轴，再由主轴通过凸轮、连杆或齿轮传送给各工作机构。辅助机构是为了保证编织正常进行而附加的，主要有自动加油装置，除尘装置，断纱、破洞、坏针检测自停装置、计数装置等。而纬编提花机还装有选针机构，用于按照花纹图案的要求对织针或沉降片等成圈机件的运动状态进行选择。此外还有调线、移圈、绕经等装置或机构。

针织技术已经扩展到其他纺织生产方面，如将针织成圈方法应用在织布机中进行分段引纬，并把各段纬纱用线圈加以串套连接，以代替传统的投梭运动，使织造速度提高，这就是织、编结合的织编机。

第六章 染整技术

第一节 认识染整

大多数织物在织造后需要进行染整加工。纺织品的染整加工是纺织生产的重要工序，它可以改善纺织品的外观和服用性能，或赋予纺织品某些特殊功能，从而提高纺织品的附加价值，美化人们的生活，满足各行业对纺织品不同性能的要求。

纺织品除了满足人们的衣着及其他日常生活外，还大量地用于工农业生产、国防、医药、装饰材料等各个领域。纺织品除极少数供消费者直接使用外，绝大多数都要经过染整加工，制成美观大方、丰富多彩的用品，如图 6—1 所示。

图 6—1　各色染整产品

纺织品的染整加工就是借助各种染整机械设备，通过物理机械的、化学的或物理化学的方法，对纺织品进行处理，从而赋予纺织品所需的外观及服用性能或其他特殊功能的加工过程。有时原料也经过染色，半制品（条子、纱线）也经过练、染、印、整工序。其中根据品种、规格、成品要求等的不同，不同纺织物的染整其具体加工工艺和方法不尽相同。

第二节　认识染整工序及主要设备

纺织物的染整加工主要包括练漂（前处理）、染色、印花和整理（后整理）四大工序。

一、练漂工序

未经染整加工直接从织机生产的织物统称原布或坯布，如图 6—2 所示。坯布中常含有相当数量的杂质，包括天然杂质和人为杂质，前者如纤维的伴生物（蜡质、果胶质、含氮物质、灰分、天然色素及棉子壳等），后者如化纤上的油剂、纺织过程中施加或沾污的油剂或油污、织造时经纱上的浆料等。这些杂质、油剂、污物如不去除，不但影响织物色泽、手感，而且还会影响织物的吸湿和渗透性能，使织物着色不均匀、色泽不鲜艳，还会影响染色的坚牢度。因此无论是漂白、染色或印花的产品，一般都需要进行练漂加工。

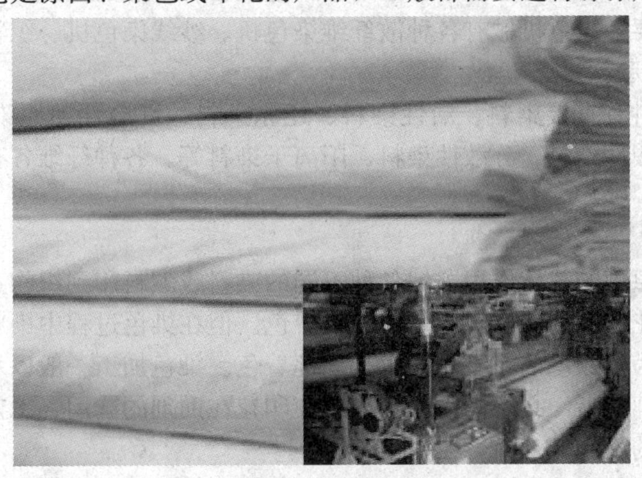

图 6—2　印染坯布

练漂又叫前处理或预处理，其目的是在尽量减少织物强力损失的条件下去除纤维织物上的各种杂质及油污，充分发挥纤维的优良品质，并使织物具有洁白、柔软及良好的润湿渗透性能，以满足服用及其他用途的要求，并为染色、印花、整理等后道工序提供合格的半制品。

练漂工序一般包括烧毛、退浆、煮练、漂白等工序，除去织物上有碍染色的杂质，或再借助丝光等工序使织物获得稳定尺寸和耐久光泽，提高吸附染料的能力和纤维的化学反应性能。不同品种的纤维、纱线或织物，对练漂要求不一致，各地区工厂的生产条件也不相同，因而织物练漂加工的过程次序（工序）和工艺条件也常不同。

棉布的练漂工序：

坯布准备→烧毛→退浆→煮练→漂白→开幅、轧水和烘干→丝光

毛织物的练漂工序：

烧毛→洗呢→炭化→漂白

二、染色工序

染色是染料和纤维发生物理化学或化学的结合，使纺织材料全面染上颜色的过程。染色是在一定温度、时间、pH 值和所需染色助剂等条件下进行的。染色产品应色泽均匀，还需要具有良好的染色牢度。

织物的染色方法主要分浸染和轧染。浸染是将织物浸渍于染液中，而使染料逐渐上染织物的方法。它适用于小批量多品种染色。绳状染色、卷染都属于此范畴。轧染是先把织物浸渍于染液中，然后使织物通过轧辊，把染液均匀轧入织物内部，再经汽蒸或热熔等处理的染色方法。它适用于大批量织物的染色。

纺织品的染色可分为成衣染色、织物染色（主要分为机织物与针织物染色）、纱线染色（可分为绞纱染色、筒子纱染色、经轴纱染色和连续经纱染色）和散纤维染色四种。其中织物染色应用最广，纱线染色多用于色织物与针织物，散纤维染色主要用于色纺织物。织物的染色和印花通常在常规整理（如手感整理等）之后、其他整理（如抗皱整理）之前进行；纱线染色和印花在机织和针织之前进行；散纤维染色则在纺纱之前进行。

根据染色的需要，染色机械有各种散纤维染色机、纱线染色机、织物染色机、成衣染色机等，如图 6—3 所示。

生产使用的染料有直接染料、活性染料、还原染料、可溶性还原染料、不溶性偶氨染料、硫化染料等、酸性染料、分散性染料、阳离子染料等。各种纤维各有其特性，应选用相应的染料进行染色。

三、印花工序

印花是借助于原糊的载体作用，把各种不同的染料或颜料印到织物上，从而获得有色图案的加工过程。印花和染色一样，都是使织物着色。但在染色过程中染料使织物整个全面地着色，而印花一般为多颜色的花型图案，是局部着色。染色加工一般以水为介质，而印花时为了保证花纹的轮廓清晰，必须加入原糊，这使印花在助剂的选用、工艺过程的制定等方面与染色加工有很大的不同。

纺织品印花主要是织物印花，也有纱线、纤维条印花。印花即是采用特殊手段使纤维条、纱线或织物按照事先设定的布局进行局部上色，以达到美观效果。

纺织品印花方法按工艺不同可分为直接印花、转移印花、拔染印花和防染印花；按机械设备不同，又可分为滚筒印花、平板式筛网印花（平网印花）和圆筒式筛网印花（圆网印花）。滚筒印花目前广泛应用于棉布的印花，它是将雕制有不同花纹的铜制印花花筒安装在滚筒印花机上进行印花生产的，适合于各种花型。筛网印花由于印花时织物受到的张力很小，故尤其适用于真丝织物、合成纤维织物和针织物等容易变形织物的印花。圆网印花是一种较新的印花方法，具有筛网印花的优点但有更高的劳动生产率。转移印花方法是将染料先印在临时的转移纸上，随后再通过接触和加热，把转移纸上的染料转移印至织物上，要有特殊的印花设备。图 6—4 所示为平网印花机、圆网印花机和一种热转移滚筒印花机。

印花的过程一般包括：图案设计、花筒雕刻或制版（网）、色浆调制、花纹印制、后处理（蒸化和水洗）等几个工序。

织物印花首先需要图案设计。根据印花设备的不同，滚筒印花和筛网印花分别要进行花筒雕刻和筛网制版。花筒雕刻（见图 6—5）是将花纹图案刻在铜花筒上，花纹在花筒上是

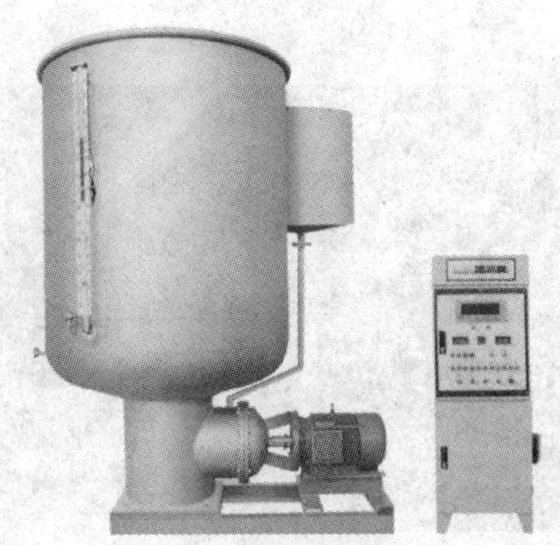

常温常压散纤维染色机

高温高压筒子纱染色机

常温常压织物卷染机

图 6—3　各种染色机

凹陷的，凹纹内均布着斜纹线或网点用以储藏印花色浆。印花时，在压力的作用下，印花色浆转移到织物上。筛网制版为平版筛网制版和圆网制版。平版筛网选用涤纶丝或锦纶丝，圆网选用镍网，将非图案部分的网眼封闭，留出图案部分的网眼，印花时，色浆从网眼中溢出，印到织物上。

生产使用的印花染料主要有活性染料、不溶性偶氨染料、稳定不溶性偶氨染料、还原染料、可溶性还原染料和印花涂料等。

平网印花机

圆网印花机

热转移滚筒印花机

图 6—4　印花机

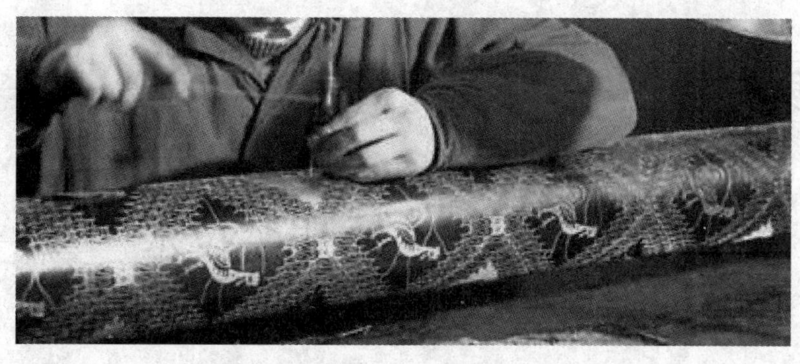

图 6—5　手工修刻花筒

四、染后整理工序

整理就是指织物在完成练漂、染色和印花以后，通过物理的、化学的或物理化学两者兼有的方法，改善织物外观和内在品质，提高织物的服用性能或赋予织物某种特殊功能的加工过程。由于整理工序常安排在整个染整加工的后道，故常称为后整理。

纺织品整理的方法可大致分为物理方法、化学方法及物理化学联合法三类。物理方法是指利用水分、热量和压力、拉力等的机械作用，如拉幅、轧光、电光、轧纹等的暂时性整理，以及如起毛、剪毛、机械预缩处理等的耐久性整理。化学方法是指利用化学药剂使纤维发生化学反应而改变其物理、化学性质，如淀粉上浆、防水、防火、防蛀等的暂时性整理，以及合成树脂上浆、防水、防火、防皱、压烫整理等耐久性整理。物理化学联合法是指缩绒和耐久性的轧光、电光、轧纹等整理。

按整理的目的分可分为常规整理和特种整理（防缩、防皱、防蛀、防燃、防水等）。整理的目的是赋予纺织材料以光洁、绒面、挺括等形态效果和不透水、不缩水、免烫、不蛀、不易燃烧等实用效果。

无论哪种整理，很多设备采用了自动控制技术。特别是化学纤维织品的仿丝、仿毛整理，特殊功能性整理采用了现代的数控技术，有了重大的或突破性的进展。

棉织物的整理主要在于发挥棉纤维的柔软、吸湿、透气等优良性能，使其更适合于服用的要求或符合特殊用途的需要。棉织物整理包括机械和化学两个方面。前者有拉幅、轧光、电光、轧纹以及机械预缩整理等。后者有柔软整理、硬挺整理、增白整理以及防缩防皱整理等。

第七章

服装技术

第一节 认 识 服 装

服装是纺织品三大终端应用领域中占据比例较大的应用领域（其他两个应用领域为家用和产业用纺织品）。我国 2009 年最新颁布的《纺织工业调整和振兴规划》中的数据显示，目前服装用纤维消耗比例为 49%。服装工业作为纺织业一个广义上的分支，同时作为纺织面料制品的下游行业，其生产工艺与过程与纺织专业的学习有重要关联。

了解服装的生产首先要对服装工业有基本的认识。服装产品规格的制定是以服装的号型为标准的。服装需根据人体（如体型）、环境、季节、用途等因素来进行设计，以满足人们穿着需求。不同种类的服装生产有不同的工艺设计，服装的生产需要根据制定的服装工艺设计文件进行。因此，认识服装需从服装号型、种类以及服装设计几方面着眼。

一、服装的号型

服装的号型是制定衣装规格的依据，也为服装成衣化提供标准尺码。

我国服装号型的制定是以中国人体体型的划分为依据的。我国确定以身高、胸围、腰围作为制定号型的人体的 3 个基本部位，且以胸围和腰围之差的数值作为划分体型的依据。

服装的号指的是人体的总高度，以 cm 表示，是设计和选购衣服长短的依据；型是指人体的净胸围或净腰围以及人体体型的划分类型，是设计和选购衣服肥瘦的依据，（也以 cm 表示）。

我国的人体体型划分是将少年与成年人合并处理（对儿童不分体型），对男子与女子各制定一个标准，都分为 4 种体型，以胸围与腰围差从大到小的顺序依次命名为 Y、A、B、C 型。其中 A 型是人数最多的普通人的体型，而 Y 型则是中腰较小的人的体型，B、C 型则表示稍胖和相当胖人的体型。中国人体型分类表见表 7—1。

表 7—1　　中国人体型分类　　cm

性别 \ 胸腰围落差 \ 体型	Y	A	B	C
男子	22～17	16～12	11～7	6～2
女子	24～19	18～14	13～9	8～4

号型系列以各体型中间体为中心，向两边依次递增或递减组成。身高以 5 cm 分档，胸围、腰围以 4 cm、3 cm、2 cm 分档，互相搭配构成系列。服装的规格以号型标定，选择或制定服装时表示该衣服适合于该身高和体型与此号型接近的人。

例如，男上装型号为 170/88A，表示身高为 170 cm，上装胸围 88 cm，体型为 A 型。适用于身高为 168～172 cm，净胸围为 86～89 cm 及胸腰围落差数在 12～16 cm 的人。

二、服装主要种类

服装的种类很多，由于服装的基本形态、品种、用途、制作方法、原材料的不同，各类服装表现出不同的风格与特色，变化万千，十分丰富。人们平时对服装有各种各样的称呼方法，这主要源于不同的服装分类方法。目前，服装的分类方法大致有以下几种：

（1）根据服装的基本形态分类

这种分类可归纳为体形型、样式型和混合型三种：

1）体形型。体形型服装是符合人体形状、结构的服装，起源于寒带地区。这类服装的一般穿着形式分为上装与下装两部分。上装与人体胸围、项颈、手臂的形态相适应；下装则符合于腰、臀、腿的形状，以裤型、裙型为主。裁剪、缝制较为严谨，注重服装的轮廓造型和主体效果，如西服类多为体形型。

2）样式型。样式型服装是以宽松、舒展的形式将衣料覆盖在人体上，起源于热带地区的一种服装样式。这种服装不拘泥于人体的形态，较为自由随意，裁剪与缝制工艺以简单的平面效果为主。

3）混合型。混合型结构的服装是寒带体形型和热带样式型综合、混合的形式，兼有两者的特点，剪裁采用简单的平面结构，但以人体为中心，基本的形态为长方形，如中国旗袍、日本和服等。

（2）根据服装的穿着组合、用途、面料、制作工艺分类

1）按穿着组合分类大致有如下几种分类：

①整件装：上下两部分相连的服装，如连衣裙等。因上装与下装相连，服装整体形态感强。

②套装：上衣与下装分开的衣着形式，有两件套、三件套、四件套等。

③外套：穿在衣服最外层，有大衣、风衣、雨衣、披风等。

④背心：穿在上半身的无袖服装，通常短至腰、臀之间，为略贴身的造型。

⑤裙：遮盖下半身用的服装，有一步裙、A 字裙、圆台裙、裙裤等，变化较多。

⑥裤：从腰部向下至臀部后分为裤腿的衣着形式，穿着行动方便，有长裤、短裤、中裤等。

2）按用途分类：分为内衣和外衣两大类，内衣紧贴人体，起护体、保暖、塑形的作用；外衣则由于穿着场所不同，用途各异，品种类别很多。

外衣根据衣着场所的不同可分为社交服、日常服、职业服、运动服、室内服、舞台服等。

3）按服装面料与工艺制作分类：可分为中式服装、西式服装、刺绣服装、呢绒服装、丝绸服装、棉布服装、毛皮服装、针织服装、羽绒服装等。

除上述一些分类方式外，还有些服装是按性别、年龄、民族、特殊功用等方面的区别对服装进行分类。

此外，按照行业习惯，通常还将针织服装进行独立的分类。参照国际常例，针织服装可分为针织毛衣、内衣、内衣外穿（如 T 恤衫等）、外衣和配件（如针织袜类、手套、围巾、

帽子、领带等）五大类。

三、服装设计

服装设计是以人体为对象，构思服装并加以形态化的创作过程。

（1）设计原则：兼顾实用性、审美性和经济性，此外还必须适应人的生理、心理需要，使“人—服装—环境”三者协调统一，因此一般需要根据人体、环境、季节、用途来进行设计。

（2）设计基本原理：包括点、线、面、体的应用，比例与分割，均衡与对称，统一与变化，视错原理，仿生造型等众多形式法则的综合运用。

（3）设计要素：主要指线条、色彩和材料三要素。

（4）服装造型：服装造型塑造服装在三维空间的整体轮廓及外貌形态，是服装设计的核心。服装设计的原则、原理、要素贯串于服装造型的全过程。因此，服装造型涉及人体体型、量体、视错、服装构成及服装设计图等问题。

（5）服装设计图：是服装设计制图的总称，最常用的有意向图、款式图、效果图和裁剪图。裁剪图是按造型方法，运用制图符号、文字等标明衣片结构及有关裁剪、缝制规定的设计图。按裁剪图可直接裁剪出所设计的服装的衣片等，从而缝制成衣。图 7—1 所示的是一

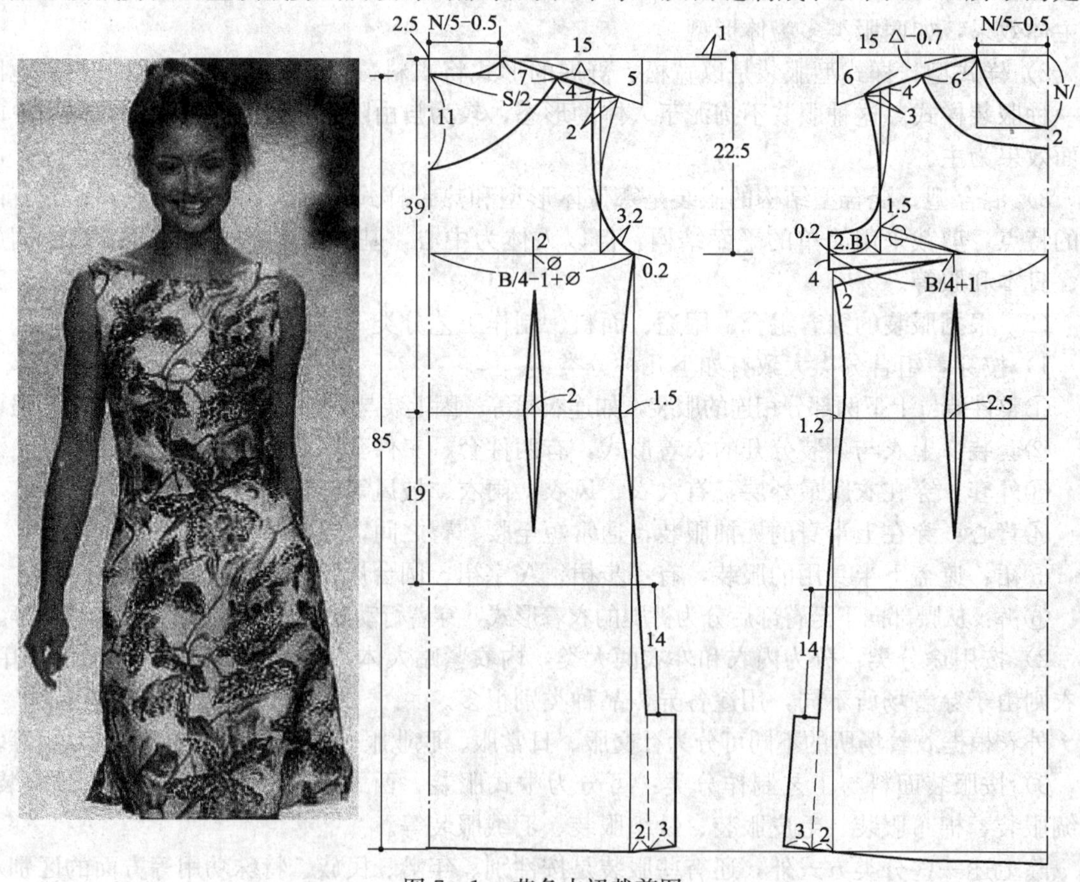

图 7—1　花色中裙裁剪图

裙子规格：身高 160 cm，衣长 85 cm，胸围 92 cm，肩宽 40 cm，领围 40 cm。

用料：约 95 cm（门幅 144 cm）。

要求：袖笼、领口处均加贴边，在缝制衣身时，稍加吃势量。

件花色中裙的裁剪图。

（6）服装工艺设计：制定服装生产过程中对原辅材料、半成品进行加工、缝制而成服装产品的方法和采用加工设备的技术文件的过程，是服装生产加工的前提。服装的生产需要根据制定的服装工艺设计文件进行。

第二节　服装生产过程

服装的加工制作需要根据不同品种、款式和要求定出它特定的加工手段和生产工序（即服装工艺设计）。随着新材料、新科技的不断涌现，加工方法和顺序也随之复杂多变，但它的生产过程及工序基本是一致的。服装生产工序大致由几个生产工序和环节组成：生产准备、裁剪、缝制、熨烫和后整理，其中各道工序都包括了一系列的处理过程，如图 7—2 所示。

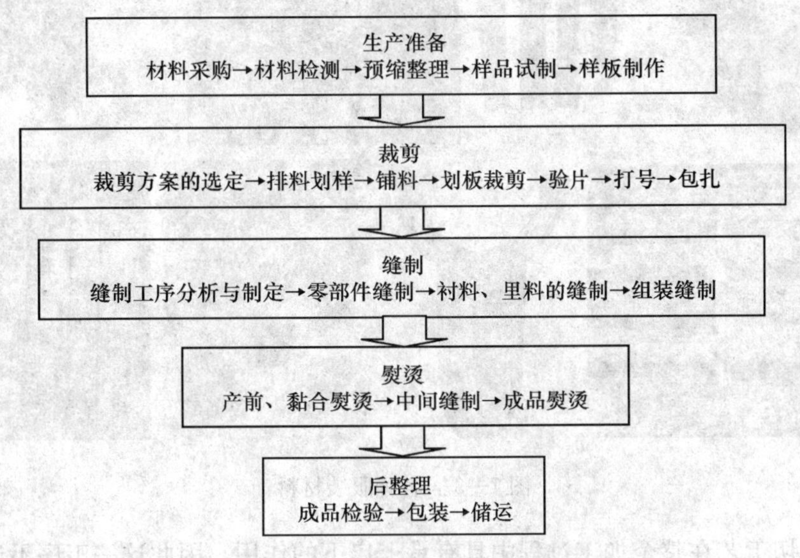

图 7—2　服装生产工艺流程图

一、生产准备

生产准备作为生产前的一项准备工作，要对生产某一产品所需要的面料、辅料等材料进行选择配用，并作出预算，同时对各种材料进行必要的物理、化学检验及测试，包括材料的预缩和整理、样品的试制等工作，保证其投产的可行性。

各种服装材料包括服装面料、里料、衬（垫）料、填料、线带类材料、紧扣类材料、装饰材料以及商标吊牌等其他辅料，如图 7—3 所示。

二、裁剪工艺

一般来说，裁剪是服装生产的第一道工序，其主要内容是把整匹服装材料（面料、里料、衬料及其他材料）按服装样板剪切成不同形状的衣片，以供缝制工序缝制成服装。裁剪主要包括裁剪方案的制订、排料划样、铺料、剪切、验片、打号、包扎等工艺过程。

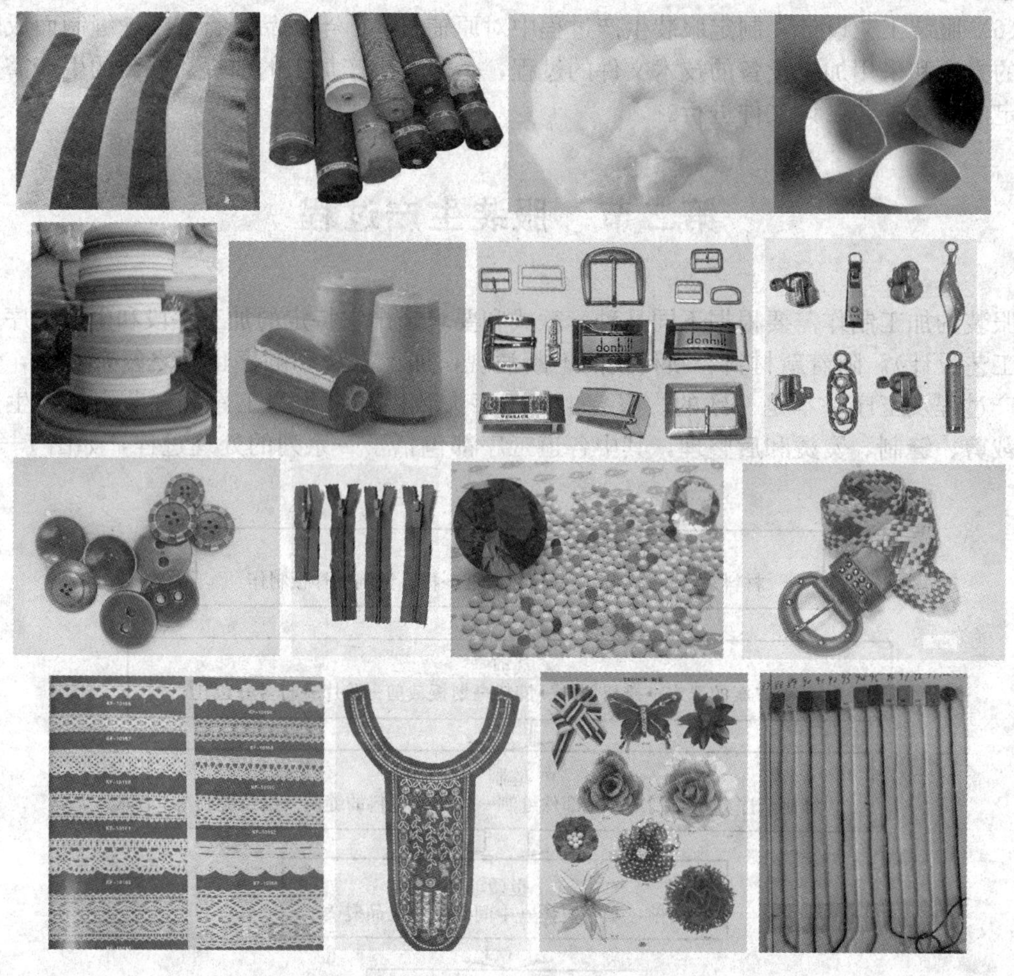

图 7—3　各种服装材料

衣料的剪切工艺在整个加工过程中具有承上启下的作用，因此这一工序不论对工艺还是加工设备都有很高的要求。传统的手工裁剪是单纯用剪刀进行的，现代服装工业中是使用各种先进设备进行的。目前服装生产中常用的剪裁方式主要有电剪裁剪、台式裁剪、冲压裁剪和非机械裁剪等，其中电剪裁剪生产最为普遍，主要采用设备是电动裁剪机（电剪）。裁剪工序与常用电剪如图 7—4 所示。

三、缝制工艺

缝制是整个加工过程中技术较复杂、也较为重要的成衣加工工序。它是按不同的服装材料、不同的款式要求，通过科学的缝合，把衣片组合成服装的一个工艺处理过程。缝制主要包括缝制工序分析与制定、零部件缝制、衬料和里料的缝制、组装缝制等。服装的缝制主要采用设备是各式各样的缝纫机。图 7—5 所示为缝制加工生产线和一种服装加工高速缝纫机。

服装的种类很多，对于针织服装、皮革服装、羽绒服装等的缝制，其缝制方法因材料的性能特点不同而有所不同。

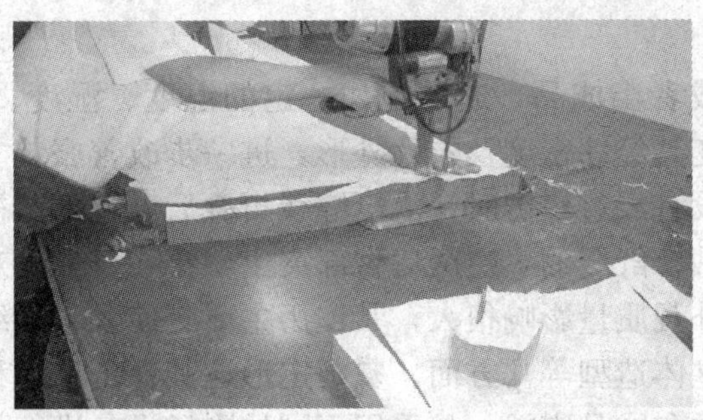

裁剪工序

圆刀裁剪机

自动磨刀裁剪机

图 7—4　裁剪工序与常用电剪

缝制生产线

高速缝纫机

图 7—5　服装缝制加工

四、熨烫定形工艺

熨烫定形是将成品或者半成品，通过施加一定的温度、湿度、压力、时间等条件的操作，使织物按照要求改变其经纬密度及衣片外形，进一步改善服装立体外形，以表现人体曲线。比如裤子的后片，没有经过熨烫时，沿挺缝线折叠后，臀部与裤口成为一条直线，这样穿在人身上显然是不会贴合舒服的，熨烫后臀部突出，穿在身上美观舒适。

熨烫工序对服装的外观质量影响很大，其作用主要有使衣料预缩并去皱褶、使服装外形平整并定形、塑造服装立体造型等几方面。熨烫定形按其在工艺流程中的作用可分为产前熨烫、黏合熨烫、中间熨烫和成品熨烫，是采用不同的熨烫设备进行的。熨烫工序与设备如图7—6所示。

熨烫工序

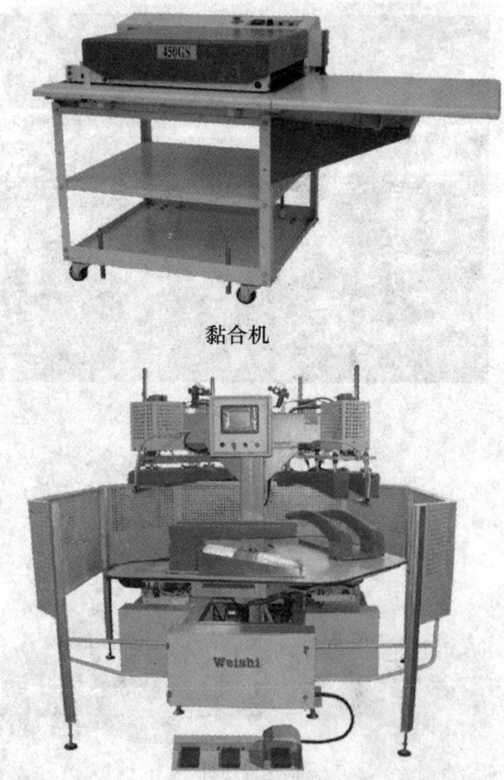

黏合机

转盘式袖内外弯整烫机（西服中间烫设备）

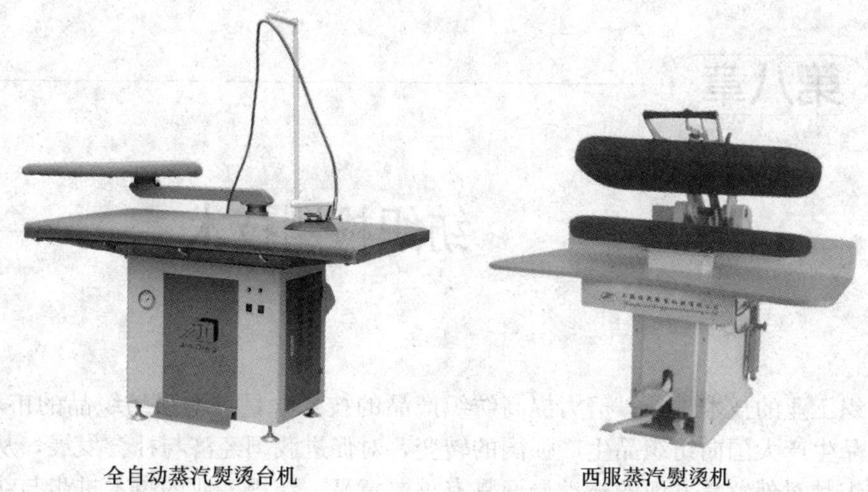

全自动蒸汽熨烫台机　　西服蒸汽熨烫机

图 7—6　熨烫工序与各种熨烫设备

五、后整理

后整理是服装生产过程的最后一个工序，包括成品的检验、包装、储运等内容。成品检验是使服装质量在整个加工过程中得到保证的一项十分必要的措施和手段。经整烫的服装产品需经过最后的检验，通过终检确定合格的产品。它包括裁剪质量、对条对格、缝份量、布料的折边量、粘衬质量、缝线、针迹、裁边处理方法、缝迹、止口、套结等的检验。合格的产品经过清扫、整理、装吊牌后，包装、存储待运；不合格的产品，经修整后再做处理。服装的包装整理如图 7—7 所示。

图 7—7　服装的包装

第八章

纺织检测技术

加快纺织工业的技术进步，努力提高纺织产品的技术含量，增强纺织品的市场竞争力，实现由纺织品生产大国向纺织品生产强国的转变，对促进我国经济与社会发展，从根本上扭转我国在纺织品对外贸易方面的被动局面具有重要意义。纺织工业的技术进步与纺织产品科技含量的提高，有赖于全面提升纺织品的检测能力和技术水平，进而为推动纺织工业健康发展提供助力。

第一节　纺织品检验基础知识

一、标准及标准分类

1. 标准的概念

标准是对重复性事物和概念所做的统一规定。纺织标准是以纺织科学技术和纺织生产实践的综合成果为基础，经有关方面协商一致，由主管机构批准，以特定形式发布，作为纺织生产、纺织品流通领域共同遵守的准则和依据。

标准化的原理是统一、简化、协调、选优。其任务是制定标准、组织实施和对实施标准进行监督。

2. 标准的分类

标准主要可按标准的级别、标准的执行方式、标准的性质等几方面来进行分类。

（1）按标准的级别可分为国际标准、区域标准、国家标准、行业标准、地方标准和企业标准。

（2）按标准执行方式可分为强制性标准和推荐性标准。

（3）按标准的性质可分为技术标准、管理标准和工作标准。

3. 国际标准化组织（ISO）

（1）ISO 简介：国际标准化组织（ISO）正式成立于 1947 年 2 月，是世界上最大和最具权威的标准化机构，是非政府性的国际组织，总部设在日内瓦。其工作领域很广泛，除电工电子以外涉及其他所有学科。下设 167 个技术委员会，属于纺织行业的有 3 个，分别是第 38 技术委员会（纺织品技术委员会），简称 ISO/TC38；第 72 技术委员会（纺织机械及附件技术委员会）简称 ISO/TC72 和第 133 技术委员会（服装尺寸系列和代号技术委员会）简称 ISO/TC133。

(2) ISO 9000 族标准：ISO 9000 系列标准是国际标准化组织为适应国际间贸易发展的需要而制定的质量管理和质量保证标准，自 1987 年正式发布，2000 年重新改版为 ISO 9000 族标准。目前已有 50 多个国家将此标准转化为本国的国家标准加以实施，我国等同于 ISO 9000 族标准的国家标准是 GB/T 19000。

二、纺织品质量检验基础

1. 产品质量的含义

狭义的产品质量也称品质，是指产品本身所具有的特性，表现为产品的美观性、适用性、可靠性、安全性和使用寿命等；广义的产品质量则是指产品能够完成其使用价值的性能，即产品能够满足用户和社会的要求。纺织品质量是用来评价纺织品优劣程度的多种有用属性的综合，是衡量纺织品使用价值的尺度。

2. 纺织品质量检验和抽样方法

(1) 质量检验的分类

1) 根据检验的数量可分为全数检验和抽样检验。

2) 根据判定方法可分为计数检验和计量检验。

3) 根据产品流向可分为进货检验、工序检验、成品检验、出厂检验、库存检验和监督检验。

4) 根据检验的内容可分为性能检验和可靠性检验。

5) 根据被检验后的产品是否还能使用可分为破坏性检验和非破坏性检验。

(2) 抽样方法

对于纺织品的各种检验，实际上只能限于部分产品，通常是从被测对象总体中抽取子样进行检验，要保证试样对总体的代表性就要采用合理的抽样方法，既要避免抽样的系统误差，又要尽量减少随机误差，为此应采用随机抽样方法。

抽样方法主要有纯随机取样、等距取样、代表性取样、阶段性随机取样四种。

(3) 检验方法

对纺织品（品质、规格、等级等）的检验，主要运用如感官检验、化学检验、仪器分析、物理测试、生物检验等检验手段，从而确定其是否符合标准或贸易合同的规定。

第二节 纺织品检验基本原理及检测项目

纺织品检验是对纺织纤维、纱线、织物、服装和生态纺织品等性能或质量进行的一种测定、比较与判定活动。纺织品检测技术的载体是纺织品测试仪器。科技创新，推动了纺织检验领域的革命性变化。自动控制技术、计算机技术、信息技术等高新技术的广泛应用，极大地提高了检验的速度、准确性、可靠性和自动化水平。检测仪器和设备趋于系列化、通用化。

一、纺织纤维的检验

纺织纤维是制成纺织品的最基本原料。纺织品的绝大部分性能在很大程度上都取决于纺织纤维的各项特性。纺织纤维的种类繁多，为了优化使用各种纺织纤维原料，合理配制原料成分，提高产品质量，降低原料消耗，真正做到优质优用，优质优价，就必须对纺织纤维的各项性能进行科学测试，以充分可靠的测试数据来指导生产实践。目前，纺织纤维常见的检测项目如下。

1. 纺织纤维的鉴别方法

纺织纤维的鉴别方法包括定性鉴别和定量鉴别。

定性鉴别有手感目测法、显微镜观察法、燃烧法、药品着色法、化学溶解法等，通常将五种方法综合应用。

定量鉴别必须先确定混纺产品中纤维的品种，再根据各种纤维的化学溶解性不同，选择适当的溶液，使混纺产品中的一种纤维溶解，最后称取残留纤维的重量，计算纤维的混纺百分比。

2. 棉、毛、麻等天然纤维和化学纤维的品质评定与检验

（1）棉纤维品质评定与检验

棉花的品质评定主要采用感官检验法，适当配合部分仪器检验。它适用于棉花收购时对子棉的业务检验。检验时，采用试轧子棉，通过检验所得皮棉的质量指标（品级、长度、马克隆值、含水、含杂等）来综合评定棉花的品质，决定棉花的等级差价，并为纺纱厂根据产品要求合理选配原棉提供方便。

1）棉纤维的品级

细绒棉品级的规定：根据国家新标准 GB 1103—2007《棉花　细绒棉》（以下简称新标准）规定，细绒棉按成熟度、色泽特征和轧工质量三个方面分为七个级，即一至七级。三级为标准级。品级条件见表 8—1。

表 8—1　**细绒棉品级评定条件**

品级	子棉	皮辊棉			锯齿棉		
		成熟程度	色泽特征	轧工质量	成熟程度	色泽特征	轧工质量
一级	早、中期优质白棉，棉瓣肥大，有少量一般白棉和带淡黄尖、黄线的棉瓣，杂质很少	成熟好	色洁白或乳白，丝光好，稍有淡黄染	黄根、杂质很少	成熟好	色洁白或乳白，丝光好，微有淡黄染	索丝、棉结、杂质很少
二级	早、中期好白棉，棉瓣大，有少量轻雨锈棉和个别半僵棉瓣，杂质少	成熟正常	色洁白或乳白，有丝光，有少量淡黄染	黄根、杂质少	成熟正常	色洁白或乳白，有丝光，稍有淡黄染	索丝、棉结、杂质少
三级	早、中期一般白棉和晚期好白棉，棉瓣大小都有，有少量雨锈棉和个别僵瓣棉，杂质稍多	成熟一般	色白或乳白，稍见阴黄，稍有丝光，淡黄染、黄染稍多	黄根、杂质稍多	成熟一般	色白或乳白，稍有丝光，有少量淡黄染	索丝、棉结、杂质较少

续表

品级	子棉	皮辊棉			锯齿棉		
		成熟程度	色泽特征	轧工质量	成熟程度	色泽特征	轧工质量
四级	早、中期较差的白棉和晚期白棉，棉瓣小，有少量僵瓣或轻霜、淡灰棉，杂质较多	成熟稍差	色白略带灰、黄，有少量污染棉	黄根、杂质较多	成熟稍差	色白略带阴黄，有淡灰、黄染	索丝、棉结、杂质稍多
五级	晚期较差的白棉和早、中期僵瓣棉，杂质多	成熟较差	色灰白带阴黄，污染棉较多，有糟绒	黄根、杂质多	成熟较差	色灰白有阴黄，有污染棉和糟绒	索丝、棉结、杂质较多
六级	各种僵瓣棉和部分晚期次白棉，杂质很多	成熟差	色灰黄，略带灰白，各种污染棉、糟绒多	杂质很多	成熟差	色灰白或阴黄，污染棉、糟绒较多	索丝、棉结、杂质多
七级	各种僵瓣棉、污染棉和部分烂桃棉，杂质很多	成熟很差	色灰暗，各种污染棉、糟绒很多	杂质很多	成熟很差	色灰黄，污染棉、糟绒多	索丝、棉结、杂质很多

长绒棉品级的规定：国产长绒棉品级分为五级，标准等级为三级，用于纺制生产特细纱的是一级、二级长绒棉，三级棉可少量用于质量要求较低、纺制纱特较粗的纱线中。四、五级棉均为霜后棉，常少量用于中特纱的纺制。

2）手扯长度

人们习惯将品级和手扯长度统称为原棉等级。按新标准规定，原棉手扯长度以 1 mm 为级距，分级如下：

25 mm，包括 25.9 mm 及以下；

26 mm，包括 26.0～26.9 mm；

27 mm，包括 27.0～27.9 mm；

28 mm，包括 28.0～28.9 mm；

29 mm，包括 29.0～29.9 mm；

30 mm，包括 30.0～30.9 mm；

31 mm，包括 31.0～31.9 mm；

32 mm，包括 32.0 mm 及以上。

手扯长度尺量法在我国大体上分为一头齐法和两头齐法两种。检验时必须选用一种固定方法，反复拉扯棉束，并以此对照长度标准棉样，达到检验正确和稳定的目的。

3）马克隆值

马克隆值最早被认为是一种细度指标，并且以每英寸微克数作为单位，采用气流法进行测定。马克隆值没有计量单位，只称马克隆单位。按新标准规定：马克隆值分三个级，即 A、B、C 级。B 级分为 B1、B2 两档，C 级分为 C1、C2 两档。B 级为马克隆值标准级。具体分级分档范围见表 8—2。

表 8—2　　马克隆值分级分档表

分级	分档	范围
A 级	A	3.7～4.2
B 级	B1	3.5～3.6
	B2	4.3～4.9
C 级	C1	3.4 及以下
	C2	5.0 及以上

一般采用便携式气流仪（见图 8—1）测定原棉的马克隆值。

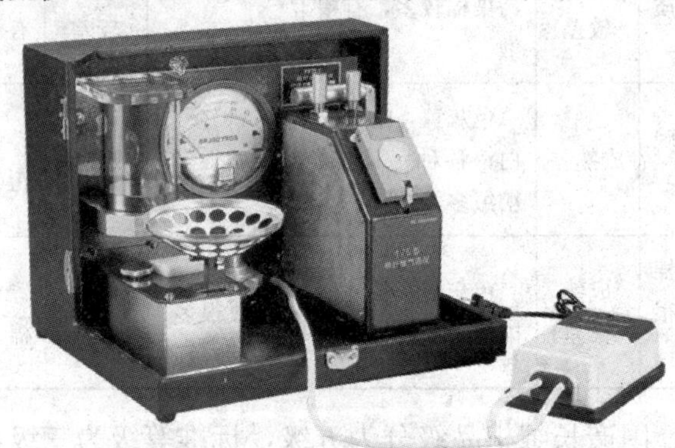

图 8—1　便携式气流仪

4）含糖量的检验

棉纤维中所含糖分为内糖和外糖两种，含糖棉因黏性大，在纺纱过程中容易缠绕金属滚筒和罗拉等机件，严重影响纺纱生产和成纱条干。目前，国内初步将棉纤维含糖量与可纺性划分见表 8—3：

表 8—3　　棉纺维含糖量与可纺性划分表

含糖量（%）	可纺性
<0.3	正常
0.3～0.5	有轻度黏性
0.5～0.8	有黏性
>0.8	严重黏性

测定棉纤维含糖率的主要方法有定量法和比色法两种。

5）回潮率检验

回潮率是指原棉中所含水分的重量（湿重与干重之差）对原棉干燥重量的百分比。我国原棉回潮率一般为 8%～13%。在交接验收业务时，规定原棉标准（公定）回潮率为 8.5%，最高限度为 10.5%，实际回潮率不足或超过标准时，实行重量补扣。

测定回潮率的方法很多，归纳起来主要有直接测定法和间接测定法两类。直接测定法是分别测出棉纤维的湿重和干重，经计算得出回潮率，它是测定回潮率的基本方法。烘箱法是这类方法的代表（烘箱见图 8—2）。间接测定法是利用原棉在不同回潮率下的电阻、介电常数、介电损耗等物理量和原棉中水分的关系，间接测定原棉回潮率，常用的是电阻测湿仪（见图 8—3）测定法。

图 8—2　烘箱

图 8—3　原棉电阻测湿仪

6）含杂率

原棉中夹有的非纤维性物质以及不孕子、棉子、子棉、破子等统称为原棉的杂质。杂质重量对原棉试样重量的百分比称为含杂率。标准规定原棉含杂率为：皮辊棉 3%，锯齿棉 2.5%，在交接验收时，不足或超过标准时，按标准含杂率进行补扣。一般利用 Y101 型原棉杂质分析机（见图 8—4），从原棉中分离出棉纤维和杂质，经称重后计算原棉含杂率和净棉率。

图 8—4　Y101 型原棉杂质分析机

7）异性纤维

异性纤维是指混入棉花中对棉花加工、使用和棉花质量有严重影响的软杂物。异性纤维检验采用手工挑拣法，对异性纤维含量尚没有量化标准。

（2）麻纤维的品质检验

麻类纤维种类繁多，其中以苎麻和亚麻纤维检验为主。

麻纤维品质与检验：根据脱胶后精干麻纤维的细度不同分甲、乙两类。再以原麻的外观品质定等，划分为一等、二等、三等。各等类按原麻束长度分为一级、二级、三级，简称三等九级。三等以下为等外，600 mm 以下为级外。

(3) 羊毛的品质和长度检验

1) 品质：毛纤维有绵羊毛、山羊毛、骆驼毛、兔毛等。其中以绵羊毛为主，以澳毛最细、最好。羊绒以山羊绒品质最好。

羊毛等级分特等、一等、二等。

2) 长度检验

抽取规定数量，采用直接测量法和梳片式长度仪测量法检验。

(4) 化学纤维的品质与检验

化学短纤维根据物理、化学性能与外观疵点进行品质评定。一般分为优、一、二、三等。

化学短纤维的品质检验按批随机抽样。同一批纤维的原料相同，工艺条件相同，产品规格相同，抽样数量根据批量大小按标准规定进行。一般情况下，化学纤维主要进行如下几个方面的检验：长度检验、线密度检验、弹伸性检验、卷曲性能检验、疵点检验、回潮率检验、含油率检验。各个检验指标均对成纱质量有一定影响。其中比较重要的是纤维长度检验。超长纤维和倍长纤维的存在，会使纺纱过程中发生绕打手、绕锡林、绕罗拉、出橡皮纱等现象，引起断头增多，纱线条干不匀等，严重影响纤维的可纺性和成品质量，其危害性更甚于短纤维。因此，要求超长纤维率和倍长纤维含量越低越好。

长度检验可用梳片式和罗拉式长度测定法。

3. 纤维细度检验（线密度检验）

线密度测定单位用旦尼尔、特数、号数等，一般用切断称重法（图 8—5 所示为切断器）。直径测量用显微镜法，直径测量符合国家标准 GB/T 10685—2007《羊毛纤维直径试验方法　投影显微镜法》的规定。纤维细度分析仪符合 GB/T 10685—2007 和 GB/T 16988—1997《特种动物纤维和绵羊毛混合物含量的测定》，FZ/T 30003—2009《麻棉混纺产品定量分析方法　显微投影法》，SN/T 0756—1999《进出口麻/棉混纺产品定量分析方法　显微投影法》的规定。

YG (B) 002 系列纤维细度分析仪是新型的人机交互式纤维直径测量分析仪。该仪器通过高分辨率的工业摄像机将光学显微镜与计算机相连，依靠专业的分析软件完成纤维直径和截面积的测试等工作，并可测量出混纺纤维中各纤维的含量。

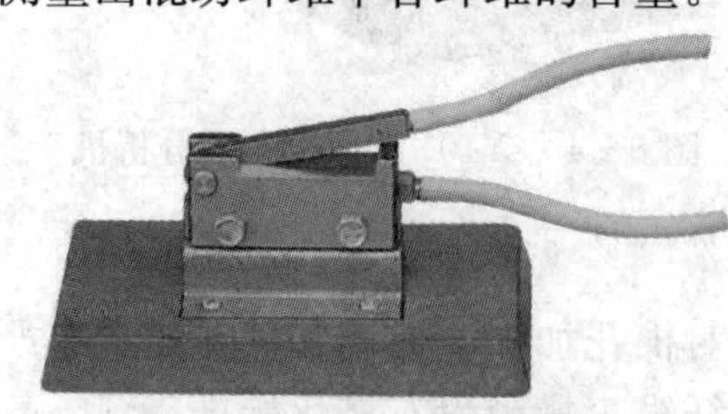

图 8—5　切断器

4. 纤维强伸度检验

如 YG001A 单纤维电子强力仪，测量范围：0～99 cN。适用于各种天然纤维、人造纤维、合成纤维、玻璃纤维及金属特细丝的拉伸性能试验。仪器符合国家标准 GB/T 14337—

2008《化学纤维单纤维断裂强力和断裂伸长的测定》、ISO 5079—1995《纺织纤维、单纤维断裂时断裂力和伸长率的测定》和国际化学纤维标准局（BISFA）的试验方法标准。

5. 纤维回潮率检验

一般采用烘箱法测定。

根据 GB/T 9995—1997《纺织材料含水率和回潮率的测定　烘箱干燥法》。本标准根据美国试验与材料协会 ASTM D2654：1989《纺织材料含水率和回潮率试验方法》、国际标准 ISO 6741. 1. 1989《纤维和纱线—交付货物商业质量的测定—第一部分：质量测定和计算》和 ISO 2062：1994《纺织品—卷装纱—线密度的测定—绞纱法》三标准中关于烘箱法测定纺织材料回潮率和含水率的有关规定对 GB 9995—88 进行了修订。

6. 纤维含油率检验

含油率是指纤维（化纤）上的油脂干重占纤维干重的百分率。常用的检验方法有萃取法和振荡法。

原理：采用有机溶剂将化纤油脂溶解，再烘干纤维求得纤维干重。

二、纱线的质量检验

1. 棉纱线的质量标准及评定

棉纱线的质量标准及评定依据：单纱断裂强力、百米重量、条干均匀度、1 g 棉纱线内棉结数、1 g 棉纱线内棉结杂质数这五项指标。以五项中最低项定等，等别分为优等、一等、二等、三个等别，低于二等为三等。棉线是以四项中最低项定等（无条干均匀度）。优等棉纱评定指标加 10 万米纱疵项。

以下是测试项目及方法。

（1）线密度试验方法：按 GB/T 4743—2009《纺织品、卷装纱、绞纱法线密度的测定》规定进行。

（2）单纱（线）断裂强度及单纱（线）断裂强力变异系数试验方法：按照 GB/T 3916—1997《纺织品、卷装纱、单根纱线断裂强力和断裂伸长率的测定》进行。

（3）黑板条干均匀度试验方法：按照 GB/T 9996. 1—2008《棉及化纯纺、混纺纱线外观质量黑板检验方法》进行。

（4）1 g 棉纱线内棉结粒数及 1 g 棉纱线内棉结杂质总粒数试验方法：将纱线用摇黑板机按规定密度要求均匀绕在黑板上，在黑板与纱线间插入浅蓝色底板，压上黑色压板，点数 10 块黑板的棉结和杂质数，再将其折算成 1 g 棉纱线内棉结数和 1 g 棉纱线内棉结和杂质数。

（5）万米纱疵试验方法：按照 FZ/T 01050—1997《纺织品　纱线疵点的分级标准》规定进行。

（6）捻度试验方法：按 GB/T 2543. 1—2001《纺织品纱线捻度的测定》直接计数法和 GB/T 2543. 2—2001《纺织品纱线捻度的测定》退捻加捻法规定进行。

（7）烘箱法回潮率测试方法：按 GB/T 4743—2009《纺织品、卷装纱、绞纱法线密度的测定》规定进行。

2. 毛纱线的质量评定和检验

评定依据：粗梳毛针织绒线的品等是以批（缸）为单位。按物理指标、染色牢度和外观疵点三项结果评定，并以其中最低一项定等。分为优等、一等、二等，低于二等者为等外品，物理指标包括线密度偏差率、重量不匀率、捻度偏差率、捻度不匀度、起球、单纱断裂强力、纤维含量及含油脂率。染色牢度包括耐光、耐洗、耐汗渍、耐水及耐摩擦牢度五项。外观疵点包括纱线外观疵点和织片外观疵点两项。

以下是测试项目及方法。

（1）捻度偏差率、捻度不匀度试验：按 GB/T 2543—2001《纺织品捻度的测定》进行。

（2）起球检验：按 GB/T 4802.3—1997《纺织品、织物起球试验　起球箱法》进行。

（3）单纱断裂强力试验：按 GB/T 3916—1997《纺织品、卷装纱、单根纱线断裂强力和断裂伸长率的测定》进行。

（4）纤维含量试验：按 GB/T 2910.6—2009《纺织品　定量化学分析》和 GB/T 2911—1997《纺织品、三组分纤维混纺产品定量化学分析方法》进行。

（5）染色牢度试验：按染色牢度评等技术要求。

3. 麻纱线的质量评定及检验

（1）苎麻纱的品质评定

评定依据：根据单纱断裂强力变异系数、重量变异系数评等，分为上等、一等和二等；根据条干均匀度变异系数、细节、粗节、结杂评级，分为优级、一级和二级。

测试项目及方法：

1）单纱断裂强度及单纱断裂强力变异系数试验方法按 GB/T 3916—1997《纺织品、卷装纱、单根纱线断裂强力和断裂伸长率的测定》进行。

2）重量变异系数、重量偏差及回潮率试验方法按 GB/T 4743—2009《纺织品、卷装纱、绞纱法线密度的测定》进行。

3）细节、粗节、结杂、条干均匀度变异系数值试验方法按 GB/T 3292—1997《纺织品　纱条条干不匀试验方法　电容法》进行。

（2）亚麻纱的品质评定

评定依据：湿纺亚麻纱的品等由断裂长度、断裂强力变异系数 CV（%）、百米重量变异系数 CV（%）、条干均匀度、100 m 纱内麻粒总数和 400 m 纱内粗节数六项指标评定。干麻亚麻纱的品等由断裂长度、断裂强力变异系数 CV（%）、百米重量变异系数 CV（%）和 400 m 纱内粗节数四项指标评定。

测试项目及方法：

1）单纱强力测试按 GB/T 3916—1997《纺织品、卷装纱、单根纱线断裂强力和断裂伸长率的测定》进行。

2）黑板条干均匀度、麻粒及粗节检验。

3）百米重量变异系数 CV（%）、重量偏差和回潮率的检验。

三、织物检验

织物品种较多，一般情况下，织物的评定包括物理指标、染色牢度、外观疵点等。物理指标包括织物密度、幅宽、平方米重量、织物的断裂强度及断裂伸长率、缩水率等指标。

1. 棉本色布品质检验

棉本色布目前按照国家标准 GB/T 406—2008《棉本色布》进行品质检验和评等。其品等分为优等品、一等品、二等品、三等品和等外品。品质检验内容包括内在质量检验和外观质量检验。内在质量检验包括织物组织、幅宽、经纬密度、断裂强力。外观质量检验包括棉结疵点格率、棉结杂质疵点格率和布面疵点。棉本色布的评等以匹为单位，织物组织、幅宽、布面疵点按匹评等，密度、断裂强力、棉结疵点格率、棉结杂质疵点格率按批评等，以七项中最低的一项评等作为该匹布品等。

2. 毛织物品质检验

毛织物品质检验包括内在质量检验和外观质量检验。内在质量检验包括实物质量、物理性能、染色牢度等指标。如手感、光泽、幅宽、平方米克重、缩水率、纤维含量、断裂强力、撕裂强力、起球、汽蒸收缩、含油脂率、耐洗、耐水、耐光、耐汗渍、耐热压、耐摩擦等；外观质量检验包括局部性疵点和散布性疵点两类。其评等以匹为单位，以最低项成绩定等，等级分为优等品、一等品、二等品、三等品和等外品。

3. 丝织物品质检验

丝织物品质检验包括内在质量检验和外观质量检验。内在质量检验包括匹长、幅宽、经纬密度、每平方米克重、断裂强力、尺寸变化率、染色牢度等。外观质量检验包括织造疵点、练染疵点和印花疵点。其评等按匹评等，以最低项成绩定等，等级分为优等品、一等品、二等品和等外品。

4. 麻织物品质检验

麻织物品质检验包括内在质量检验和外观质量检验两个方面。内在质量检验包括织物组织、幅宽、经纬密度、断裂强力等质量指标，外观质量检验主要是布面疵点。布面疵点有无经纬纱粗节、经向明显疵点、纬向明显疵点、横档等。

印染布增加染色牢度、缩水率等指标。并以其中最低一项成绩评等。等级分为优等品、一等品、二等品、三等品和等外品。

5. 织物服用性能的检验

织物的服用性能是人们对其最基本的要求，包括尺寸稳定性、刚柔性、悬垂性、抗起毛起球性、抗钩丝性和染色牢度等性能。

四、服装检验

服装检验是检验者借助一定的设备、工具、手段、方法以及多年积累的经验，通过对服装各项质量指标项目进行测试，并将测试结果同规定要求（质量标准或合同要求）进行比较，由此做出合格（优劣）与否的判断过程。

1. 服装检验的分类

按检验的目的不同分为生产检验、验收检验和第三方检验。

按检验的数量分为全数检验和抽样检验。

按检验的性质不同分为破坏性检验和完整性检验。

2. 服装检验标准

服装质量标准是服装检验标准中最重要的部分，是服装检验的重要依据，也是服装生产和贸易中检验和评价服装质量是否合格的技术依据。

（1）服装质量标准分类

服装质量标准按内容分为基础标准、方法标准、产品标准等。

服装质量标准按级别分为国际标准、国家标准、专业标准、企业标准等。

（2）服装质量标准的内容

服装质量标准的内容包括主题内容与适用范围、引用标准、号型规格、技术要求、检验方法、检验工具、检验规格、标志、包装、运输、储存等。其中技术要求和检验方法是服装检验的依据和手段。检验后的服装则进行等级判定。

3. 服装材料检验

服装生产投料前，必须对使用的材料进行外观质量检验和物理、化学性能的检验，主要是为了掌握材料性能的有关数据和资料，从而在生产过程中采取相应的工艺手段和技术措施，提高产品质量及材料的利用率。服装材料主要分为服装面料、服装里料、服装辅料三类。

服装材料检验的内容有：数量复核、面料疵点检验、缩水率测试、色牢度测试、耐热度测试等。

4. 服装生产检验

服装在生产过程中需要严格把关，其检验的内容分为服装样品检验和服装在制品检验。

（1）服装样品的检验：是指对按工艺文件规定所生产（或加工）的首件产品，进行各方面的检验。视其物化性能和各项质量的达标程度，评判是否让客户确认或投入生产。

服装样品的检验人员，可以是企业内部质量专职检验员，委托方或客户主要负责人等。

（2）服装在制品的检验：是指服装生产过程中各阶段的半成品。可分为投产前检验、生产过程中检验、成品检验、包装及其他检验等。

5. 出口服装检验

出口服装检验工作是指国家出入境检验检疫局依据《商检法》及相关的实施条例的规定，根据外贸出口合同、成交样及检验标准等要求，对出口服装的品质、包装、数量、标志及其安全、卫生、环保等项目进行检测和管理的工作。

（1）出口服装检验程序：包括报检（报验），申请预检（预验），申请重检（重验），申请复检（复验），申请委托检验等。

（2）抽样：商检机构对出口服装进行检验，按规定从包装完好的整批货物中，抽取代表性的样品，通过对所取样品的检验，评定该批服装的质量。

（3）检验：商检机构应在工厂检验合格的基础上，对出口服装进行检验。检验方式分为自检、共同检验、免验等。

（4）签证放行：是商检机构出口商品检验工作程序最后一环。出口服装经检验合格后，根据贸易合同、信用证和申请人的要求，对外签发品质、数量、包装检验证书或签发出口货物放行单。对检验不合格者，签发不合格通知单，预验合格的出口服装，只签发出口货物换证凭单。

五、生态纺织品及检验

随着人类对赖以生存的自然和生态环境越来越广泛的关注，人们对纺织品和纺织化学品在穿着和使用中的安全性问题，以及在生产过程中可能对环境造成的不利影响也越来越重视。自 1994 年 7 月 15 日德国政府颁布禁用部分偶氮染料的法令以来，世界上不少国家和地区先后发布了一系列的相关法律，其内容和范围在不断扩大。

从目前大多数的要求和标准来看，生态纺织品检测主要是注重最终产品的安全性，因此生态纺织品狭义地理解为生态的产品，即产品满足生态的要求。而广义地讲生态纺织品，应该是指从生产、使用到废弃处理对人类和环境的影响都很小的纺织品。即从生产开始一直到处理，对生态环境无害或少害的纺织品。生态纺织品的评定应该包括纺织品的整个生命周期，从生产到销毁整个过程是不是生态的。

1. 生态纺织品标准 100

生态纺织品标准 100（Oeko-Tex® Standard 100）是由国际纺织品生态学研究与检验协会制定颁布的，是世界上最权威、最有影响力的生态纺织品标签之一。用以测试纺织品和成衣制品在影响人体健康方面的标准。标准中规定了纺织、服装制品上可能存在的已知有害物质，包括 pH 值、甲醛、可萃取重金属、杀虫剂、除草剂、含氯苯酚、可分解有害芳胺染料、致敏和致癌染料、有机氯载体、有机锡化合物（TBT/DBT）、PVC 增塑剂等相应的限量和测试项目。如果经纺织品协会检测，符合标准所规定的条件，生产厂商可获得授权在纺织品上悬挂“信心纺织品，通过对有害物质检验”的生态纺织品标准 100 标签，如图 8—6 所示。

图 8—6　生态纺织品标准 100 的中英文标签

2. 生态纺织品标准 100 认证的级别分类

将产品按最终用途分为以下四类：

（1）婴儿用品（一级认证）

除皮制衣物外，一切用来制作婴儿及两岁以下儿童服装的织物、原材料和附件。

（2）直接接触皮肤的产品（二级认证）

穿着时，大部分材料直接接触皮肤的产品（如裤子、衬衣、内衣等）。

（3）不直接接触皮肤的产品（三级认证）

穿着时，只有小部分直接接触皮肤，大部分没有接触到皮肤的产品（如填充物、衬里等）。

（4）装饰材料（四级认证）

用来缝制室内装饰品的一切产品及原料，如桌布、墙面遮盖物、家具用织物、窗帘、室内装潢用织物、地面遮盖物、床垫等。

标准对婴儿和初学走路孩子的产品规定了非常严格的条件：如，甲醛的限定值是 20 μg/mL，而同皮肤直接接触的产品如床上用品、内衣、衬衫及宽松的上衣的甲醛限定值是 75 μg/mL，不与皮肤直接接触的产品如外衣（男女套装、外套）和家用装饰品（桌布、装饰织物、窗帘、家具上的织物、床垫）甲醛含量只需低于300 μg/mL。可以对照一下，一个苹果的甲醛含量至少是20 μg/mL。化妆品的甲醛是用做防腐剂的。像漱口水这样的产品，如果甲醛含量超过了 100 μg/mL 就必须公告。按照规定，纺织品的甲醛含量如果达到1 500 μg/mL 或更高就必须声明。

3. 我国生态纺织品

2001 年 12 月 10 日我国正式加入世界贸易组织（WTO）后，欧美及其他发达国家设置“绿色壁垒”的速度进一步加快，为此我国也适时地制定实施了一系列相关标准。主要有：2000 年 1 月 7 日实施的 HJBZ 30—2000《环境标志产品技术要求　生态纺织品》；2003 年 3 月 1 日正式实施的 GB/T 18885—2002《生态纺织品技术要求》以及 2005 年 1 月 1 日实施的《国家纺织产品基本安全技术规范》。

目前国内已经有相当数量的从纤维纱线到染整、服装以及服装辅料的生产企业加入到生态纺织品标准 100 标签计划中来。在化纤行业，继吉林化纤集团获得生态纺织品标准 100 证书后，山东潍坊海龙、四川宜宾斯丽雅集团先后获得认证。棉纺行业有河北保定依棉集团、山东济宁印花集团、浙江绍兴南方集团、新疆天彩科技股份有限公司。羊绒制品业有内蒙古鄂尔多斯集团、鹿王集团、金宇集团山丹羊绒公司、新疆金塔毛纺织有限公司。针织行业有北京婷美、福建风竹、新会宏达、江苏 AB 集团、徐州针织总厂、广东佛山联达、广州天海、顺德汇益等。印染行业有石家庄明石染厂、山东蓝雁集团、浙江美欣达集团、宜兴乐祺集团、福清洪良染织有限公司、江苏 AB 集团、上海司麦脱印染有限公司、鲁泰纺织、天津田歌、江苏靖江天纶等。家纺行业有南通大东、威海银台等。服装辅料行业有金泰线业、高士线业、YKK 拉链、海莎垫肩、日东纺、科德宝宝翎、江苏欣捷等。

生态纺织品标准 100 的原意是提升工业界的生态纺织品生产的水平，保护消费者。它带给广大认证企业的是产品生态性能的国际市场权威认可；对产品下游企业的价值让渡；对消费者信心许可以及生产厂商的形象树立等以及由此带来的更多的可能的销售机会。近几年来，生态纺织品标准 100 标签更被广大企业和客户称为“通往国际市场的绿色通行证”。